全国技工院校计算机类专业（中／高级技能层级）

CorelDRAW 平面设计与制作（第二版）实训题集

主　编　李　飞

副主编　曹　琳　张琛琛

主　审　庞书华

中国劳动社会保障出版社

简介

本书是全国技工院校计算机类专业教材（中 / 高级技能层级）《CorelDRAW 平面设计与制作（第二版）》的配套实训题集。

本书按照教材的项目、任务顺序编排，根据教材讲授的知识与技能设置实训任务，具有较强的可操作性和拓展性，可帮助学生进一步巩固所学知识，锻炼实际操作技能。

完成本书中实训任务所需的相关素材可通过技工教育网（http://jg.class.com.cn）下载使用。

本书由李飞担任主编，曹琳、张琛琛担任副主编，陈茜影、王雪、李鑫、李欣、王若涵、张子怡、崔进龙、贺明亮、宋艺、武亚楠参与编写，庞书华担任主审。

图书在版编目（CIP）数据

CorelDRAW平面设计与制作（第二版）实训题集 / 李飞主编. -- 北京：中国劳动社会保障出版社，2023

全国技工院校计算机类专业. 中 / 高级技能层级

ISBN 978-7-5167-5875-5

Ⅰ. ①C… Ⅱ. ①李… Ⅲ. ①平面设计 – 图形软件 – 技工学校 – 习题集 Ⅳ. ①TP391.412-44

中国国家版本馆 CIP 数据核字（2023）第 071944 号

中国劳动社会保障出版社出版发行

（北京市惠新东街 1 号　邮政编码：100029）

*

北京宏伟双华印刷有限公司印刷装订　　新华书店经销

787 毫米 ×1092 毫米　16 开本　6.5 印张　128 千字

2023 年 6 月第 1 版　　2023 年12月第 2 次印刷

定价：17.00 元

营销中心电话：400-606-6496

出版社网址：http://www.class.com.cn

http://jg.class.com.cn

目 录

CONTENTS

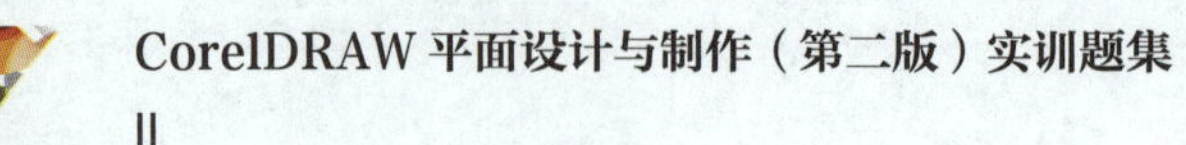

项目一
绘制几何图形

实训任务 1　制作小鸡表情包

一、实训情境

某广告公司的设计师接受了一项设计任务：为小鸡形象设计表情包。该任务要求设计师在 45 min 内使用 CorelDRAW 2021 软件进行平面设计与制作，得到如图 1-1-1 所示的小鸡表情包。

图 1-1-1　小鸡表情包

二、实训分析

在本任务中，可利用椭圆形工具和形状工具等来完成制作。任务开始前，按照图 1-1-2 所示的思维导图复习教材中的知识点。

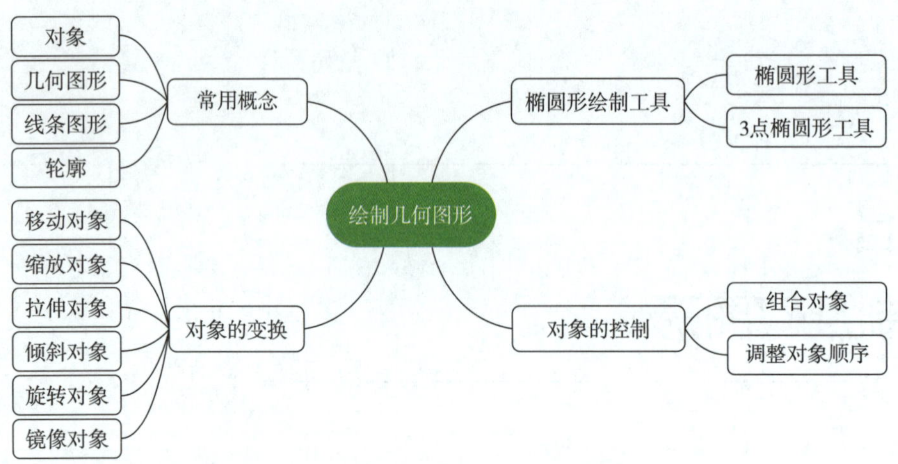

图 1-1-2　教材内容复习思维导图

三、实训计划制订

根据上一阶段的任务分析，完成实训计划的制订，见表 1-1-1。

表 1-1-1　实训计划

序号	工作内容	所需时间

四、操作步骤提示

参照表 1-1-2 所列的操作步骤和操作要点，完成小鸡表情包的制作。

表 1-1-2　操作步骤提示

操作步骤	操作要点	图示
绘制身体	使用椭圆形工具绘制一个黄色的椭圆形来作为身体。将椭圆形转换为曲线，使用形状工具调整椭圆形的外轮廓	
绘制鸡冠	在身体上方绘制三个红色的椭圆形来作为鸡冠。调整三个椭圆形的大小和位置，并将其移动到身体的下层	
绘制眼睛	在身体上绘制一个白色的椭圆形来作为眼睛，取消轮廓色。复制白色椭圆形并将其填充为黑色，参照图示将其放置在白色椭圆形的下层。再绘制一个黑色的正圆形，取消轮廓色，将其放置在白色椭圆形的上层。选中以上三个圆形并复制，调整其位置	
绘制嘴巴和腮红	在身体的中间位置绘制一个深橙色的椭圆形来作为嘴巴，取消轮廓色。复制深橙色椭圆形并将其填充为浅橙色。将两个椭圆形转换为曲线，使用形状工具调整它们的外轮廓。使用常见的形状工具绘制一个红色的心形，并将其放在深橙色椭圆形的下层。在眼睛下方绘制两个桃红色的正圆形来作为腮红	
绘制翅膀和脚	在身体左侧绘制一个黄色的椭圆形来作为翅膀，将黄色椭圆形转换为曲线，使用形状工具调整其外轮廓。使用贝塞尔工具为黄色椭圆形绘制两条深黄色的描边。将翅膀复制并水平镜像，放在身体右侧。在身体下方绘制一个黄色的椭圆形来作为脚，使用贝塞尔工具绘制脚的描边并将其填充为深黄色，将脚复制并水平镜像，调整其位置	

续表

操作步骤	操作要点	图示
绘制飘带和线条	使用贝塞尔工具在身体上方绘制飘带，分别将其填充为蓝色、粉色、紫色、黄色和红色，取消轮廓色。在翅膀周围绘制线条，设置其轮廓色为深黄色	
组合对象	组合以上对象	—
绘制其余表情包	使用椭圆形工具、形状工具和贝塞尔工具等绘制其余表情包	—

五、实训评价

在完成任务后展示作品，并分享完成任务过程中产生的心得和体会，然后从工具使用、软件操作、作品效果和作品展示等方面进行实训评价，可采用学生自评、学生互评与教师评价相结合的多元评价方式，见表 1–1–3。

表 1–1–3　实训评价

序号	评价要求	学生自评（占比 30%）	学生互评（占比 30%）	教师评价（占比 40%）
1	对实训任务的分析准确、到位（20 分）			
2	软件运用熟练、操作得当（20 分）			
3	能熟练使用椭圆形工具和形状工具（30 分）			
4	最终效果图的版式及构图合理（20 分）			
5	展示及作品解说效果（10 分）			
综合得分				

六、实训拓展

1. 参考图 1–1–3 所示小熊头像，使用 CorelDRAW 2021 软件为其设计并制作四个不同的表情包。

图 1-1-3　小熊头像

2. 使用 CorelDRAW 2021 软件设计并制作动物头像，再为动物头像设计并制作四个不同的表情包。

七、知识巩固与提高

1. 绘制椭圆形时，同时按住（　　）键可绘制出正圆形，同时按住（　　）键可从中心向外绘制出椭圆形，同时按住（　　）键可从中心向外绘制出正圆形。

A. Ctrl　　B. Shift　　C. Alt　　D. Ctrl+Shift

2. 选择对象时，可使用挑选工具，在按住（　　）键的同时依次单击目标对象，可以同时选择多个不相连的对象。

A. Ctrl　　B. Shift　　C. Alt　　D. Ctrl+Shift

3. 修改图形形状时，选中要修改的图形对象，执行“对象”→“转换为曲线”命令、按（　　）键或单击参数属性栏中的“转换为曲线”按钮，均可将图形对象转换为曲线，然后方可使用形状工具对其进行调整。

A. Ctrl　　B. Shift　　C. Alt　　D. Ctrl+Q

4. 选中需要组合的多个对象，执行“对象”→“组合”→“组合”命令，即可组合对象，也可使用（　　）组合键或者单击参数属性栏中的“组合对象”按钮来组合对象。

A. Ctrl+E　　B. Ctrl+A　　C. Ctrl+G　　D. Ctrl+Q

5. 复制对象的方法分为三种，一是选择要复制的对象，按（　　）组合键复制对象，按（　　）组合键粘贴；二是在按住鼠标左键拖动对象至适当位置后，不松开鼠标左键并单击鼠标右键以复制对象；三是选中对象后按下小键盘上的 + 键直接复制对象。

A. Ctrl+A　　B. Ctrl+C　　C. Ctrl+G　　D. Ctrl+V

实训任务 2　制作装饰图案

一、实训情境

某广告公司的设计师接受了一项设计任务：设计由单个纹样组成的装饰图案。该任务要求设计师在 45 min 内使用 CorelDRAW 2021 软件进行平面设计与制作，得到如图 1–2–1 所示的装饰图案。

图 1-2-1　装饰图案

二、实训分析

在本任务中，可利用矩形工具和造型功能等来完成制作。任务开始前，按照图 1–2–2 所示的思维导图复习教材中的知识点。

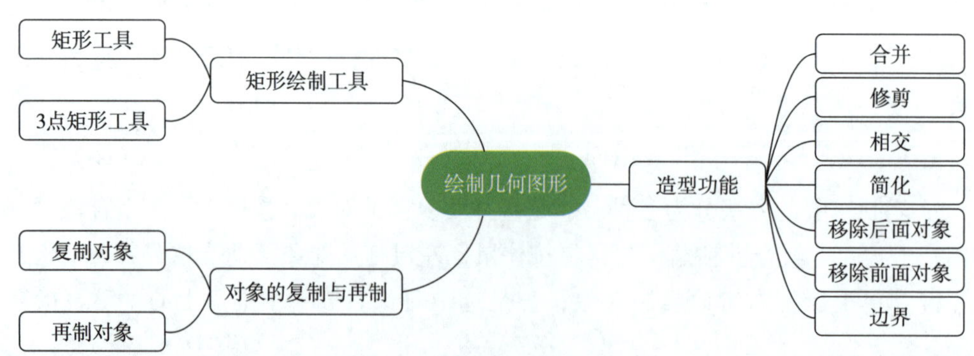

图 1-2-2　教材内容复习思维导图

三、实训计划制订

根据上一阶段的任务分析，完成实训计划的制订，见表 1–2–1。

表 1-2-1　实训计划

序号	工作内容	所需时间

四、操作步骤提示

参照表 1-2-2 所列的操作步骤和操作要点，完成装饰图案的制作。

表 1-2-2　操作步骤提示

操作步骤	操作要点	图示
绘制背景	使用矩形工具绘制一个与页面大小相同的矩形来作为背景，并将其填充为绿色，锁定背景	—
绘制花瓣	使用椭圆形工具和贝塞尔工具绘制花瓣	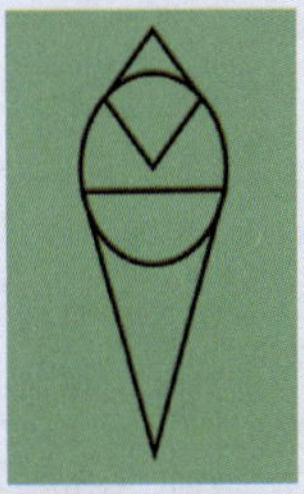
	选中花瓣的各部分进行焊接，以将其合并成一个图形，并填充为白色。使用椭圆形工具绘制黄色的花蕊，将花瓣和花蕊组合。选中绘制好的花瓣，并将其旋转至适当位置	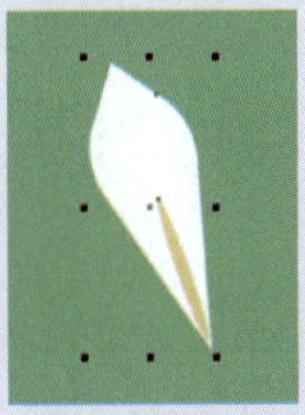

续表

操作步骤	操作要点	图示
绘制花朵	选中花瓣，并用其旋转、复制出另外两片花瓣，组合以上对象	
	复制并水平镜像对象	
绘制图案	使用贝塞尔工具在花朵左侧绘制一个白色的菱形，并对其执行复制和水平镜像操作	
	在花朵下方绘制一个白色的菱形，并用其旋转、复制出另外两个菱形，组合以上对象	
再制图案	选中图案，执行“窗口”→“泊坞窗”→“变换”命令，切换到“位置”选项卡，设置“位置中心点”为“下方中心”，“副本”为“9”。选中全部的纵向图案，将其组合、复制并错开排列	

续表

操作步骤	操作要点	图示
再制图案	组合两列图案，执行“窗口”→“泊坞窗”→“变换”命令，在“位置”选项卡中设置“位置中心点”为“右侧中心”，“副本”为“2”	
组合对象	组合以上对象	—

五、实训评价

在完成任务后展示作品，并分享完成任务过程中产生的心得和体会，然后从工具使用、软件操作、作品效果和作品展示等方面进行实训评价，可采用学生自评、学生互评与教师评价相结合的多元评价方式，见表 1–2–3。

表 1–2–3　实训评价

序号	评价要求	学生自评（占比 30%）	学生互评（占比 30%）	教师评价（占比 40%）
1	对实训任务的分析准确、到位（20 分）			
2	软件运用熟练、操作得当（20 分）			
3	能熟练使用矩形工具和造型功能（30 分）			
4	最终效果图的版式及构图合理（20 分）			
5	展示及作品解说效果（10 分）			
综合得分				

六、实训拓展

1. 参考图 1–2–3 所示纹样，使用 CorelDRAW 2021 软件设计并制作一个图形，将其沿上下或左右方向有规律地重复排列，使其成为一个二方连续纹样。

2. 参考图 1-2-4 所示纹样，使用 CorelDRAW 2021 软件设计并制作一个图案，将其向四周连续、重复地延伸和扩展，使其成为一个四方连续纹样。

图 1-2-3 二方连续纹样

图 1-2-4 四方连续纹样

七、知识巩固与提高

1. 再制对象是指将对象按一定的规律复制为多个对象。再制对象的方法分为两种，一是在默认的参数属性栏中设置“绘图单位”，然后在“再制距离”文本框中输入精确的数值，选中需要再制的对象，按（ ）组合键进行再制；二是选中对象，按住 Ctrl 键将其平行拖动，并单击鼠标右键进行复制，然后按（ ）组合键进行再制。

A. Ctrl+A　　B. Ctrl+B　　C. Ctrl+C　　D. Ctrl+D

2. 在 CorelDRAW 2021 软件中，可打开“（ ）”泊坞窗，选择“（ ）”选项卡，以完成对象的精确旋转。

A. 变换　　B. 位置　　C. 旋转　　D. 对象

3. 在利用“合并”“修剪”和“相交”命令对选择的图形进行造型处理时，最终生成图形的属性与选择图形的方式有关。当按住（ ）键依次选中图形时，新生成图形的属性将与最后被选择图形的属性相同；当使用框选方式选择图形时，新生成图形的属性将与最下层图形的属性相同。

A. Ctrl　　B. Shift　　C. Alt　　D. Ctrl+Q

4. “（ ）”命令可将被选择的多个图形的重叠部分生成新的图形形状。

A. 合并　　B. 修剪　　C. 相交　　D. 简化

5. “（ ）”命令是用所有上层对象修剪最下层对象。“（ ）”命令是用第一层对象修剪其下所有层对象，再用第二层对象修剪其下所有层对象，以此类推。

A. 修剪　　B. 简化　　C. 合并　　D. 相交

实训任务 3　制作课程表

一、实训情境

某广告公司的设计师接受了一项设计任务：为某所小学设计并制作课程表。该任务要求设计师在 45 min 内使用 CorelDRAW 2021 软件进行平面设计与制作，得到如图 1-3-1 所示的课程表。

图 1-3-1　课程表

二、实训分析

在本任务中，可利用图纸工具和常见的形状工具等来完成制作。任务开始前，按照图 1-3-2 所示的思维导图复习教材中的知识点。

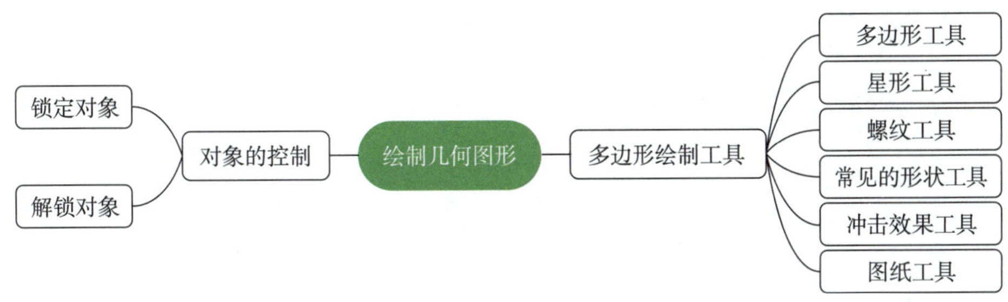

图 1-3-2　教材内容复习思维导图

三、实训计划制订

根据上一阶段的任务分析，完成实训计划的制订，见表 1-3-1。

表 1-3-1 实训计划

序号	工作内容	所需时间

四、操作步骤提示

参照表 1-3-2 所列的操作步骤和操作要点，完成课程表的制作。

表 1-3-2 操作步骤提示

操作步骤	操作要点	图示
绘制表格	使用图纸工具绘制一个 7 行 7 列的方形网格来作为表格主体。单击参数属性栏中的“取消组合对象”按钮，将网格拆分，然后将其转换为曲线，使用形状工具单击网格的边框，删除多余的部分，并将网格轮廓填充为蓝绿色。使用贝塞尔工具绘制表格的斜线部分	
绘制边框	使用常见的形状工具和矩形工具绘制飘带，并将其填充为湖蓝色和蓝绿色。组合飘带部分，将其复制并填充为深蓝色，置于飘带的下层	

续表

操作步骤	操作要点	图示
绘制边框	使用矩形工具绘制一个矩形来作为边框主体，使用形状工具将矩形调整为圆角矩形，填充为蓝绿色。选中圆角矩形，将其等比例中心缩放并复制，填充为白色	
输入文字	将绘制好的表格放在边框内，使用矩形工具绘制若干圆角矩形，填充为深蓝色，使用文本工具在圆角矩形中输入文字	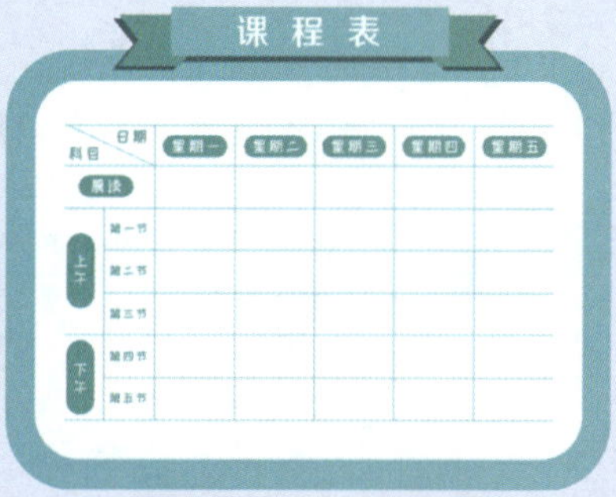 课程表
绘制闹钟	使用椭圆形工具绘制一个黄色的正圆形来作为闹钟主体，设置其轮廓色为深蓝色。选中正圆形，将其等比例中心缩放并复制两次后分别填充为白色和深蓝色，取消轮廓色，使用矩形工具绘制闹钟指针，并将其调整为圆角矩形。使用椭圆形工具绘制闹钟的刻度及耳朵	
绘制曲别针	使用矩形工具绘制一个矩形并将其调整为圆角矩形，设置其轮廓色为深蓝色。复制圆角矩形，并将其等比例缩小	
绘制三角板	使用多边形工具绘制一个橘黄色的三角形，将其等比例中心缩放并复制，以生成另一个三角形。选中两个三角形，单击参数属性栏中的“移除前面对象”按钮，得到中心镂空的三角形来作为三角板主体。使用贝塞尔工具绘制三角板的刻度。组合以上对象并复制，将新三角板填充为浅黄色，调整新三角板位置	

续表

操作步骤	操作要点	图示
绘制铅笔	使用矩形工具绘制笔身，并将其填充为黄色和橘黄色。使用椭圆形工具绘制笔尾橡皮，填充为粉红色。使用贝塞尔工具绘制笔尖，填充为深蓝色，组合以上对象	
绘制心形	将绘制好的闹钟、曲别针、三角板和铅笔等图形对象装饰在课程表上。使用常见的形状工具绘制两个心形，填充为粉红色	
组合对象	组合以上对象	—

五、实训评价

在完成任务后展示作品，并分享完成任务过程中产生的心得和体会，然后从工具使用、软件操作、作品效果和作品展示等方面进行实训评价，可采用学生自评、学生互评与教师评价相结合的多元评价方式，见表 1–3–3。

表 1–3–3　实训评价

序号	评价要求	学生自评（占比 30%）	学生互评（占比 30%）	教师评价（占比 40%）
1	对实训任务的分析准确、到位（20 分）			
2	软件运用熟练、操作得当（20 分）			
3	能熟练使用图纸工具和常见的形状工具（30 分）			
4	最终效果图的版式及构图合理（20 分）			
5	展示及作品解说效果（10 分）			
综合得分				

六、实训拓展

1. 参考图 1-3-3 所示动物日历，以本年的生肖为设计主题，使用 CorelDRAW 2021 软件设计并制作生肖主题日历。

图 1-3-3　动物日历

2. 在图 1-3-4 所示课程表的基础上，使用 CorelDRAW 2021 软件为其设计并制作一个有创意的装饰框。

课程表

		星期一	星期二	星期三	星期四	星期五	星期六	星期日
上午	1						休息	休息
	2							
	3							
	4							
下午	5							
	6							
	7							
	8							

图 1-3-4　课程表

七、知识巩固与提高

1. 使用多边形工具绘制图形时，在“点数或边数”文本框中输入数字或直接单击该文本框右侧的微调按钮均可以设置多边形的边数。多边形的边数最小可以设置为(　　)，设置的边数越大，绘制的多边形越接近圆形。

A. 3　　B. 4　　C. 5　　D. 6

2. 使用（　　）选中复杂八角星形的节点，并沿逆时针方向拖动鼠标以旋转节点，即可调整出风车的形状。

A. 选择工具　　B. 形状工具

C. 贝塞尔工具　　D. 多边形工具

3. 使用（　　）可以快速地绘制梯形、笑脸、心形和水滴形等多种图形。

A. 多边形工具　　B. 星形工具

C. 常见的形状工具　　D. 螺纹工具

4. 单击工具栏中的“(　　)”按钮，在工作区中合适的位置按住鼠标左键并拖动，可绘制任意行数和列数的网格。

A. 图纸工具　　B. 星形工具

C. 常见的形状工具　　D. 螺纹工具

5. 使用冲击效果工具可以绘制辐射或平行的聚焦图形，在参数属性栏中单击“(　　)”按钮，可以设置“平行”或者“辐射”样式。

A. 效果样式　　B. 内边界　　C. 旋转角度　　D. 外边界

项目二
填充矢量图形

实训任务 1　制作酒瓶图形

一、实训情境

某广告公司的设计师接受了一项设计任务：为一款红酒酒瓶绘制产品图。该任务要求设计师在 45 min 内使用 CorelDRAW 2021 软件进行平面设计与制作，得到如图 2-1-1 所示的酒瓶产品图。

图 2-1-1　酒瓶产品图

二、实训分析

在本任务中，可利用交互式填充工具和贝塞尔工具等来完成制作。任务开始前，按照图 2-1-2 所示的思维导图复习教材中的知识点。

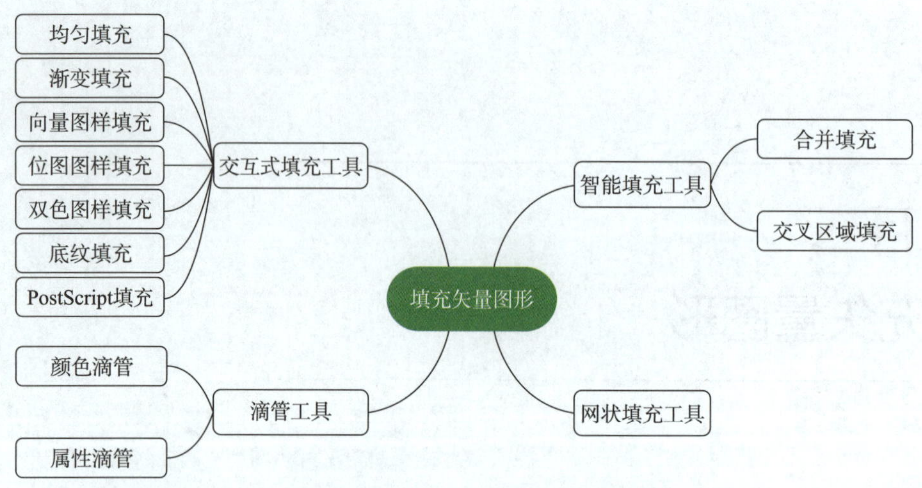

图 2-1-2　教材内容复习思维导图

三、实训计划制订

根据上一阶段的任务分析，完成实训计划的制订，见表 2-1-1。

表 2-1-1　实训计划

序号	工作内容	所需时间

四、操作步骤提示

参照表 2-1-2 所列的操作步骤和操作要点，完成酒瓶产品图的制作。

表 2-1-2　操作步骤提示

操作步骤	操作要点	图示
绘制酒瓶瓶身	使用贝塞尔工具绘制瓶身的左半侧，按住 Ctrl 键将瓶身左侧的拉伸手柄拖拽到瓶身右侧，单击鼠标右键完成水平镜像复制，焊接瓶身两侧以生成瓶身	
	使用交互式填充工具将瓶身填充从透明度为 100% 的黑色到透明度为 60% 的黑色的线性渐变	
绘制酒瓶瓶口	使用贝塞尔工具绘制瓶口的左半侧，按绘制瓶身的方法生成瓶口的右半侧	
	使用交互式填充工具将瓶口填充从深红色、暗红色、砖红色、深灰色到黑色的线性渐变	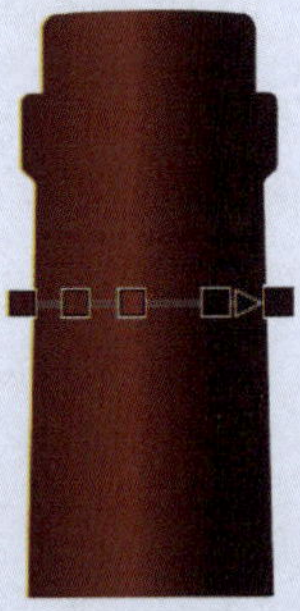

续表

操作步骤	操作要点	图示
绘制酒瓶瓶口	使用贝塞尔工具绘制阴影轮廓，并将其填充为深红色。执行“效果”→“模糊”→“高斯式模糊”命令，添加模糊效果	
绘制高光和反光	使用贝塞尔工具分别在瓶身绘制高光，在瓶底绘制反光。将高光填充从透明度为 0% 的白色到透明度为 100% 的白色的线性渐变，将反光填充为白色。执行“效果”→“模糊”→“高斯式模糊”命令，添加模糊效果	
导入瓶贴	执行“文件”→“导入”命令，导入“瓶贴 .png”素材，调整图像位置和大小	
组合对象	组合以上对象	—

五、实训评价

在完成任务后展示作品，并分享完成任务过程中产生的心得和体会，然后从工具使用、软件操作、作品效果和作品展示等方面进行实训评价，可采用学生自评、学生互评与教师评价相结合的多元评价方式，见表 2–1–3。

表 2–1–3　实训评价

序号	评价要求	学生自评（占比 30%）	学生互评（占比 30%）	教师评价（占比 40%）
1	对实训任务的分析准确、到位（10 分）			
2	软件运用熟练、操作得当（20 分）			
3	能熟练使用交互式填充工具和贝塞尔工具（20 分）			
4	能灵活使用相关素材资料（20 分）			
5	最终效果图的版式及构图合理（20 分）			
6	展示及作品解说效果（10 分）			
综合得分				

六、实训拓展

1. 参考图 2–1–3 所示橘子图片，使用 CorelDRAW 2021 软件绘制橘子的矢量图。

2. 参考图 2–1–4 所示厨房油壶四件套图片，使用 CorelDRAW 2021 软件绘制厨房油壶四件套瓶身的矢量图。

图 2–1–3　橘子

图 2–1–4　厨房油壶四件套

七、知识巩固与提高

1.（　　）是指在两种或两种以上颜色之间产生以同心圆的形式由对象中心向外辐射的颜色渐变效果。

A. 线性渐变填充　　B. 椭圆形渐变填充

C. 圆锥形渐变填充　　D. 矩形渐变填充

2.（　　）可以轻松地制作出复杂多变的网格填充效果，用户可以将每个网格节点填充上不同的颜色，并定义颜色填充的扭曲方向，从而产生各异的填充效果。

A. 交互式填充工具　　B. 网状填充工具

C. 智能填充工具　　D. 颜色滴管工具

3.（　　）可以从位图、矢量图或其他任何对象上吸取颜色，并把吸取的颜色填充到其他对象上。

A. 交互式填充工具　　B. 网状填充工具

C. 颜色滴管工具　　D. 属性滴管工具

4.（　　）可以复制对象的属性，并将复制的属性应用到其他对象上。

A. 交互式填充工具　　B. 网状填充工具

C. 颜色滴管工具　　D. 属性滴管工具

5.（　　）可以模拟水或云等自然景观的效果。

A. 向量图样填充　　B. 位图图样填充

C. 底纹填充　　D. PostScript 填充

实训任务 2　制作石膏几何体图形

一、实训情境

某广告公司的设计师接受了一项设计任务：绘制一组石膏几何体图形。该任务要求设计师在 45 min 内使用 CorelDRAW 2021 软件进行平面设计与制作，得到如图 2-2-1 所示的石膏几何体。

图 2-2-1　石膏几何体

二、实训分析

在本任务中，可利用交互式填充工具和图形绘制工具等来完成制作。任务开始前，按照图 2-2-2 所示的思维导图复习教材中的知识点。

图 2-2-2　教材内容复习思维导图

三、实训计划制订

根据上一阶段的任务分析，完成实训计划的制订，见表 2-2-1。

表 2-2-1　实训计划

序号	工作内容	所需时间

续表

序号	工作内容	所需时间

四、操作步骤提示

参照表 2-2-2 所列的操作步骤和操作要点，完成石膏几何体图形的制作。

表 2-2-2　操作步骤提示

操作步骤	操作要点	图示
绘制正方体	使用贝塞尔工具绘制一个正方体。将其正面填充从透明度为 15% 的黑色、40% 的黑色到 20% 的黑色的线性渐变，顶面填充从透明度为 60% 的黑色、30% 的黑色到 50% 的黑色的线性渐变，侧面填充从透明度为 80% 的黑色、65% 的黑色到 80% 的黑色的线性渐变。使用贝塞尔工具在正方体三个面的交界处绘制白色高光，在正方体右侧绘制灰色投影。执行“效果”→“模糊”→“高斯式模糊”命令，使投影模糊	
绘制球体	使用椭圆形工具绘制一个正圆形，将其填充从透明度为 75% 的黑色、80% 的黑色、60% 的黑色、20% 的黑色到白色的椭圆形渐变，再绘制一个椭圆形的投影并将其置于底层，填充从透明度为 80% 的黑色到 0% 的黑色的线性渐变。执行“效果”→“模糊”→“高斯式模糊”命令，使投影模糊	
绘制圆柱体	使用矩形工具绘制一个矩形，在矩形的底部绘制一个椭圆形。执行“对象”→“合并”命令，合并以上对象。将柱身填充从透明度为 30% 的黑色、10% 的黑色、70% 的黑色到 60% 的黑色的线性渐变。在柱身顶部再绘制一个椭圆形，填充从透明度为 50% 的黑色到 10% 的黑色的线性渐变。绘制一个椭圆形的投影并将其置于底层，填充从透明度为 80% 的黑色到 0% 的黑色的线性渐变。执行“效果”→“模糊”→“高斯式模糊”命令，使投影模糊	
组合对象	组合以上对象	—

五、实训评价

在完成任务后展示作品，并分享完成任务过程中产生的心得和体会，然后从工具使用、软件操作、作品效果和作品展示等方面进行实训评价，可采用学生自评、学生互评与教师评价相结合的多元评价方式，见表 2–2–3。

表 2–2–3　实训评价

序号	评价要求	学生自评（占比 30%）	学生互评（占比 30%）	教师评价（占比 40%）
1	对实训任务的分析准确、到位（20 分）			
2	软件运用熟练、操作得当（20 分）			
3	能熟练使用交互式填充工具和图形绘制工具（30 分）			
4	最终效果图的版式及构图合理（20 分）			
5	展示及作品解说效果（10 分）			
综合得分				

六、实训拓展

1. 参考图 2–2–3 所示四棱锥与棱柱组合体图片，使用 CorelDRAW 2021 软件制作四棱锥与棱柱组合体的矢量图。

2. 参考图 2–2–4 所示灯笼图片，使用 CorelDRAW 2021 软件绘制灯笼。

图 2–2–3　四棱锥与棱柱组合体

图 2–2–4　灯笼

七、知识巩固与提高

1. 在“对齐与分布”泊坞窗中，单击“(　　)”按钮，即可在垂直方向上居中对齐对象。

A. 左对齐　　B. 水平居中对齐

C. 右对齐　　D. 垂直居中对齐

2. 在“对齐与分布”泊坞窗中，单击“(　　)”按钮，即可在垂直方向上平均分布对象。

A. 垂直分散排列中心　　B. 顶部分散排列中心

C. 水平分散排列中心　　D. 底部分散排列中心

3. (　　) 可使选中的两个或两个以上对象在水平或垂直方向上按照一定的规则平均分布。

A. 合并　　B. 拆分

C. 对齐　　D. 分布

4. (　　) 可使选中的两个或两个以上对象在水平或垂直方向上对齐。

A. 合并　　B. 拆分

C. 对齐　　D. 分布

5. (　　) 是将两个或两个以上对象编成一个组，但组内部保留独立的对象，对象属性不变。(　　) 是将两个或两个以上对象合并为一个全新的对象，对象属性也会随之变化。

A. 合并　　B. 拆分

C. 组合　　D. 对齐

项目三
绘制线条图形

实训任务 1　制作水杯产品图

一、实训情境

某广告公司的设计师接受了一项设计任务：为一款水杯绘制产品图。该任务要求设计师在 45 min 内使用 CorelDRAW 2021 软件进行平面设计与制作，得到如图 3-1-1 所示的水杯产品图。

图 3-1-1　水杯产品图

二、实训分析

在本任务中，可利用贝塞尔工具和交互式填充工具等来完成制作。任务开始前，按照图 3-1-2 所示的思维导图复习教材中的知识点。

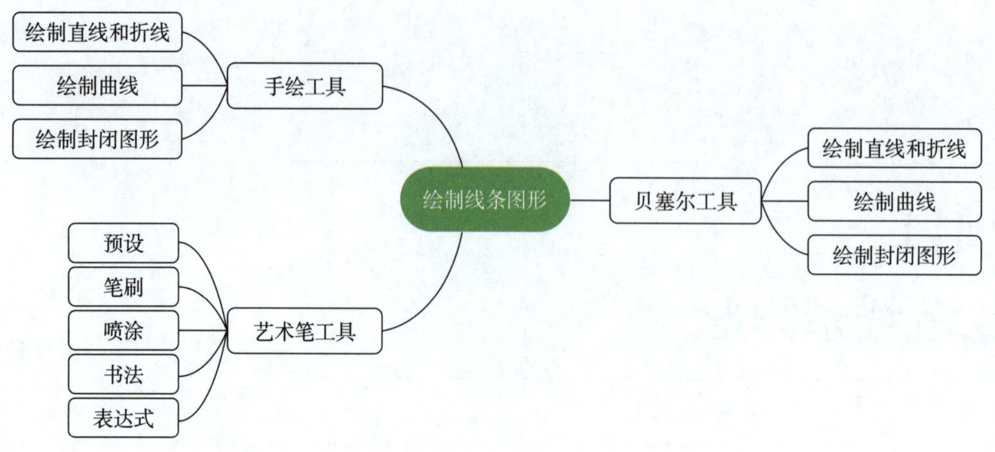

图 3-1-2 教材内容复习思维导图

三、实训计划制订

根据上一阶段的任务分析，完成实训计划的制订，见表 3-1-1。

表 3-1-1 实训计划

序号	工作内容	所需时间

四、操作步骤提示

参照表 3-1-2 所列的操作步骤和操作要点，完成水杯产品图的制作。

表 3-1-2　操作步骤提示

操作步骤	操作要点	图示
绘制杯口	使用椭圆形工具绘制一个椭圆形来作为杯口，并将其从左到右依次填充从浅灰色、深灰色到灰色的线性渐变。选中杯口并复制，去除其填充色，设置其轮廓色为白色，调整轮廓宽度，执行“效果”→“模糊”→“高斯式模糊”命令，调整“半径”的数值	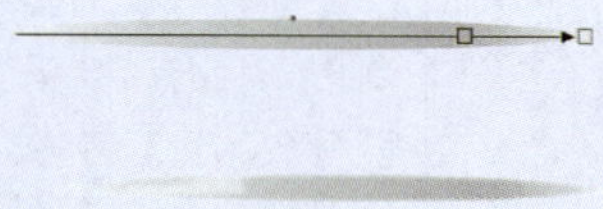
绘制杯体	使用矩形工具绘制一个矩形，然后将其转换为曲线，使用形状工具调整其节点，并将其填充从灰色、灰蓝色、深灰色、黄灰色、中灰色、浅灰色到浅黄色的线性渐变	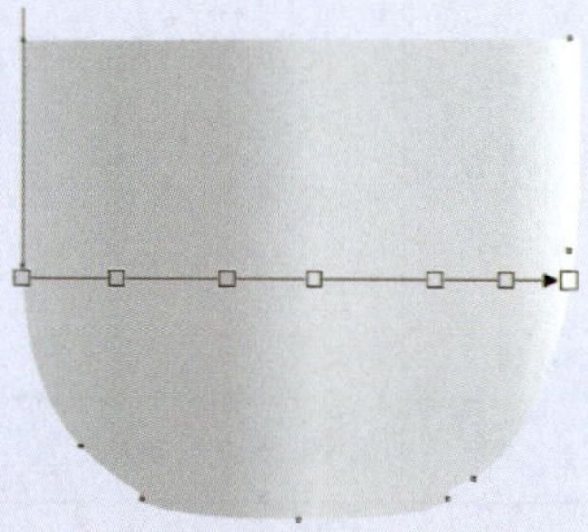
绘制杯体高光	使用贝塞尔工具绘制杯体高光，并将其填充为白色，取消轮廓色	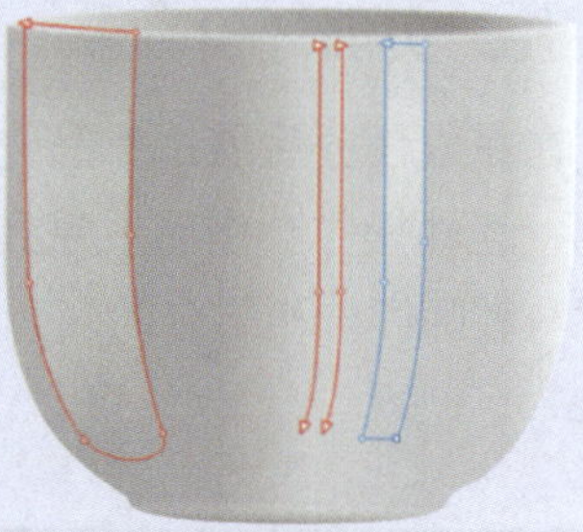
绘制杯体高光	使用交互式填充工具填充杯体高光，将其透明度从上到下依次设置为 90%、100%、70% 和 100%	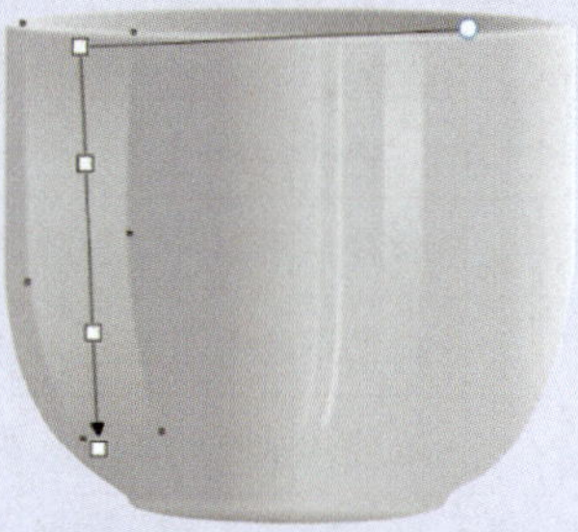
绘制把手	使用贝塞尔工具绘制把手。使用交互式填充工具填充把手，将其填充从深灰色、浅灰色、灰色到中灰色的线性渐变，取消轮廓色	

续表

操作步骤	操作要点	图示
绘制把手高光	使用贝塞尔工具绘制把手高光，并填充为白色。执行“效果”→“模糊”→“高斯式模糊”命令，调整“半径”的数值	
绘制投影	使用椭圆形工具在杯子底部绘制一个椭圆形来作为投影，并将其填充为深灰色，取消轮廓色。执行“效果”→“模糊”→“高斯式模糊”命令，调整“半径”的数值	
组合对象	组合以上对象	—

五、实训评价

在完成任务后展示作品，并分享完成任务过程中产生的心得和体会，然后从工具使用、软件操作、作品效果和作品展示等方面进行实训评价，可采用学生自评、学生互评与教师评价相结合的多元评价方式，见表 3-1-3。

表 3-1-3　实训评价

序号	评价要求	学生自评（占比 30%）	学生互评（占比 30%）	教师评价（占比 40%）
1	对实训任务的分析准确、到位（20 分）			
2	软件运用熟练、操作得当（20 分）			
3	能熟练使用贝塞尔工具（30 分）			
4	最终效果图的版式及构图合理（20 分）			
5	展示及作品解说效果（10 分）			
综合得分				

六、实训拓展

1. 参考图 3-1-3 所示白色餐具图片，使用 CorelDRAW 2021 软件绘制出相同透视角度下的配套白色盘子。

图 3-1-3　白色餐具

2. 使用 CorelDRAW 2021 软件设计并制作一杯橙汁的图片，透视角度自拟。

七、知识巩固与提高

1. 在使用手绘工具绘制直线时，按住（　　）键不放，可以水平或者垂直绘制直线，也可以成一定的增量角度（系统默认为 15°）倾斜绘制直线。

A. Ctrl 或 Shift　　B. Shift+Alt

C. Alt　　D. Ctrl+Shift

2. 用钢笔工具绘制图形的方法与贝塞尔工具的相似，也是通过（　　）和控制柄来进行绘制。

A. 线段　　B. 节点

C. 鼠标　　D. 路径

3. 艺术笔工具的参数属性栏提供了（　　）种笔触工具。

A. 3　　B. 4

C. 5　　D. 6

4. 使用贝塞尔工具绘制封闭的图形时，需在绘制结束时单击（　　）闭合路径。

A. 路径中任意一节点　　B. 路径起始点

C. 画布中任意一位置　　D. 路径中最后一节点

5.（　　）不能绘制曲线。

A. 贝塞尔工具　　B. 3 点曲线工具

C. 钢笔工具　　D. 2 点线工具

实训任务 2　制作瓶中花装饰画

一、实训情境

某广告公司的设计师接受了一项设计任务：绘制一幅瓶中花装饰画。该任务要求设计师在 45 min 内使用 CorelDRAW 2021 软件进行平面设计与制作，得到如图 3-2-1 所示的瓶中花装饰画。

图 3-2-1　瓶中花装饰画

二、实训分析

在本任务中，可利用轮廓笔工具和将轮廓转换为对象的方法等来完成制作。任务开始前，按照图 3-2-2 所示的思维导图复习教材中的知识点。

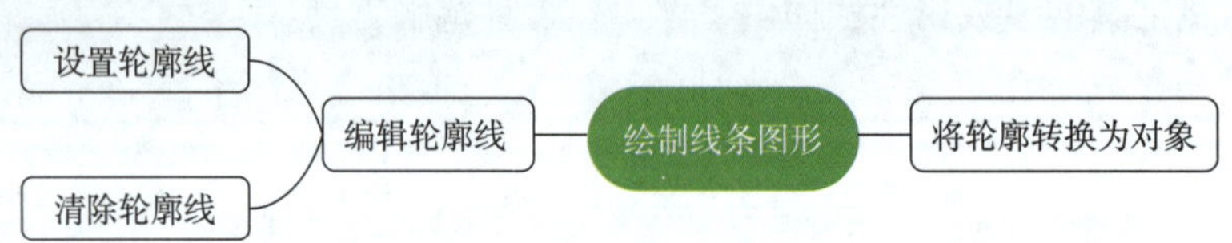

图 3-2-2　教材内容复习思维导图

三、实训计划制订

根据上一阶段的任务分析，完成实训计划的制订，见表 3-2-1。

表 3-2-1　实训计划

序号	工作内容	所需时间

续表

序号	工作内容	所需时间

四、操作步骤提示

参照表 3-2-2 所列的操作步骤和操作要点，完成瓶中花装饰画的制作。

表 3-2-2　操作步骤提示

操作步骤	操作要点	图示
绘制花瓶	使用矩形工具绘制背景，并将其填充为灰绿色。使用贝塞尔工具绘制花瓶，取消轮廓色。使用交互式填充工具填充花瓶，将其从左到右依次填充从白色、浅灰色、灰色、中灰色、深灰色到灰色的线性渐变	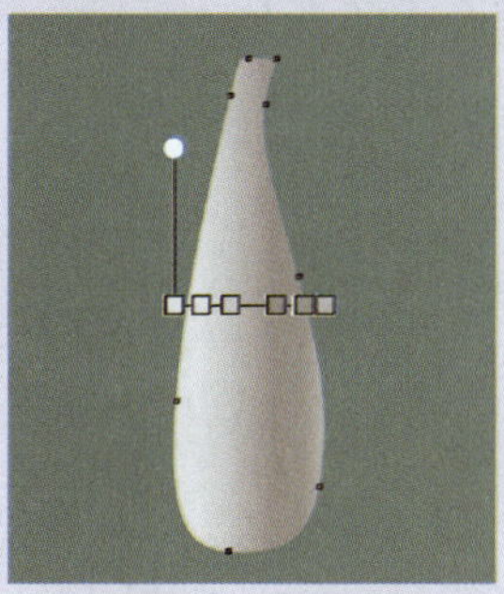
	使用贝塞尔工具绘制花瓶高光，并将其填充为白色，取消轮廓色	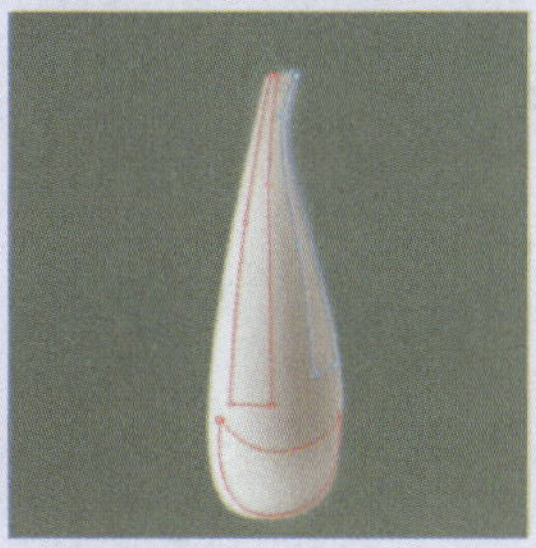

续表

操作步骤	操作要点	图示
绘制花瓶	使用交互式填充工具填充花瓶高光，将其透明度从上到下依次设置为 0% 到 100%	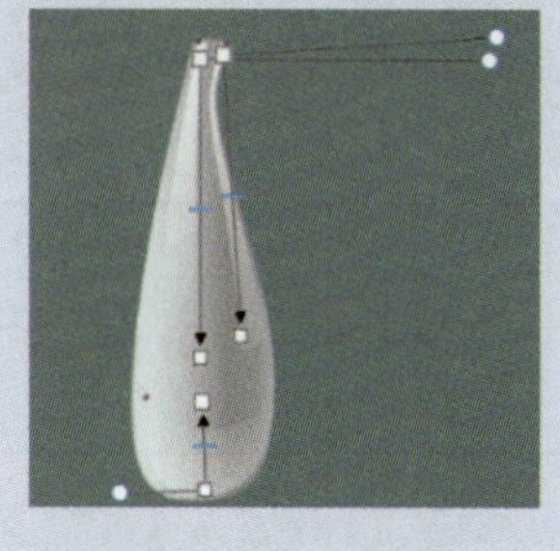
绘制叶片	使用贝塞尔工具绘制叶片和茎脉。使用交互式填充工具填充叶片，将其从左上方到右下方依次填充从黄绿色、中绿色到橄榄绿色的线性渐变。将茎脉填充为深绿色	
	复制叶片并执行水平镜像操作，将其放在合适的位置	
绘制花朵	使用贝塞尔工具绘制花瓣。使用交互式填充工具填充花瓣，将其依次填充从橘色到白色的椭圆形渐变	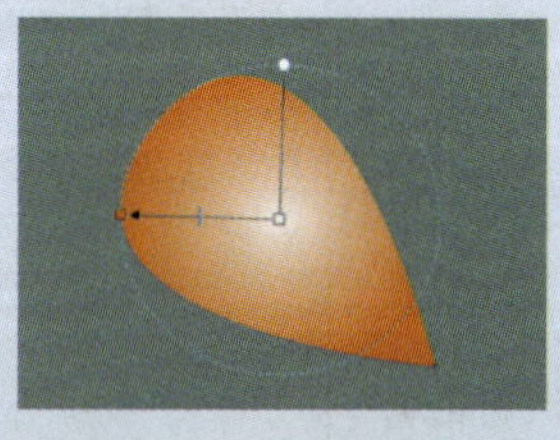
	复制出另外 4 片花瓣，组成花朵	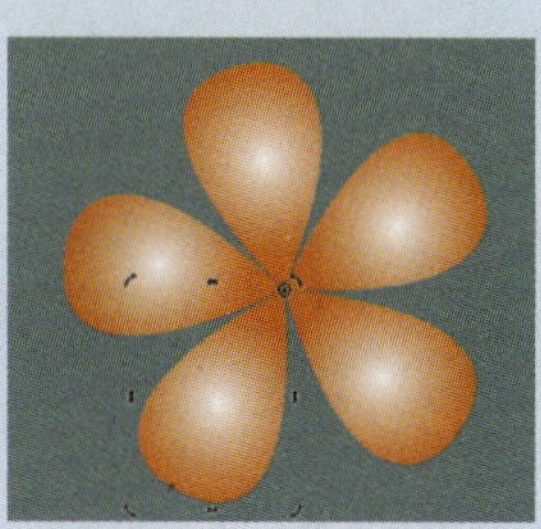

续表

操作步骤	操作要点	图示
绘制花朵	使用椭圆形工具在花朵的中心位置绘制一个正圆形来作为花心，使用交互式填充工具填充花心，将其依次填充从橘色到白色的椭圆形渐变。使用贝塞尔工具绘制花茎，并将其填充从浅绿色到绿色的线性渐变，放在合适的位置	
	选中绘制好的花朵，执行复制和水平镜像操作。使用交互式填充工具填充新复制的花朵，将其填充从橘黄色到白色的椭圆形渐变，调整位置和大小，再复制出若干散落的花瓣，放在合适的位置	
绘制窗框和远山	使用椭圆形工具绘制一个圆形窗框外轮廓，将其内部填充为浅绿色，轮廓填充为深绿色。使用贝塞尔工具绘制远山形状，使用交互式填充工具填充远山，将其填充从蓝灰色到浅灰色的线性渐变。使用钢笔工具绘制窗框内纹样，将纹样轮廓填充为深绿色。组合以上对象	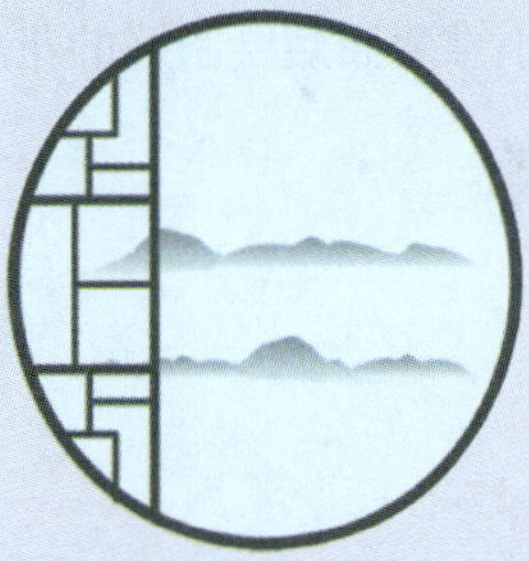
调整画面	调整图层顺序，将窗框和远山移动到花瓶的下一层。再复制出 3 片叶子，适当调整其大小，并放在花瓶的左下方	
组合对象	组合以上对象	—

五、实训评价

在完成任务后展示作品，并分享完成任务过程中产生的心得和体会，然后从工具使用、软件操作、作品效果和作品展示等方面进行实训评价，可采用学生自评、学生互评与教师评价相结合的多元评价方式，见表3-2-3。

表3-2-3　实训评价

序号	评价要求	学生自评（占比30%）	学生互评（占比30%）	教师评价（占比40%）
1	对实训任务的分析准确、到位（20分）			
2	软件运用熟练、操作得当（20分）			
3	能熟练编辑轮廓线（30分）			
4	最终效果图的版式及构图合理（20分）			
5	展示及作品解说效果（10分）			
综合得分				

六、实训拓展

1. 参考图3-2-3所示小雏菊素材，使用CorelDRAW 2021软件绘制一个花瓶，并将小雏菊插到绘制好的花瓶中。

图3-2-3　小雏菊

2. 使用CorelDRAW 2021软件绘制一个盆栽，并为其搭配合适的背景，稍做装饰。

七、知识巩固与提高

1.“轮廓笔”对话框中不包括（　　）功能。

A. 颜色　　B. 距离　　C. 宽度　　D. 风格

2. 图形轮廓线可填充（　　）。

A. 纯色　　B. 纯色和渐变色

C. 渐变色　　D. 双色

3. 通过执行“对象”→“将轮廓转换为对象”命令，可以将对象的轮廓线分离为一个单独的对象。此时，不仅可以为轮廓线填充纯色，还可以为其填充（　　），或进行轮廓线的设置。

A. 纹理或图案　　B. 纹理

C. 图案　　D. 渐变色

4. 使用手绘工具、（　　）、贝塞尔工具和艺术笔工具等绘制的图形称为线条图形。

A. 交互式填充工具　　B. 椭圆形工具

C. 焊接工具　　D. 钢笔工具

5. 组合对象的快捷键是（　　）。

A. Ctrl+G　　B. Alt+G

C. Ctrl+B　　D. Ctrl+Alt+B

项目四
编辑矢量图形

实训任务 1　制作星球插画

一、实训情境

某广告公司的设计师接受了一项设计任务：绘制一幅以星球为主题的插画。该任务要求设计师在 90 min 内使用 CorelDRAW 2021 软件进行平面设计与制作，得到如图 4-1-1 所示的星球插画。

图 4-1-1　星球插画

二、实训分析

在本任务中，可利用椭圆形工具、形状工具和交互式填充工具等来完成制作。任务开始前，按照图 4-1-2 所示的思维导图复习教材中的知识点。

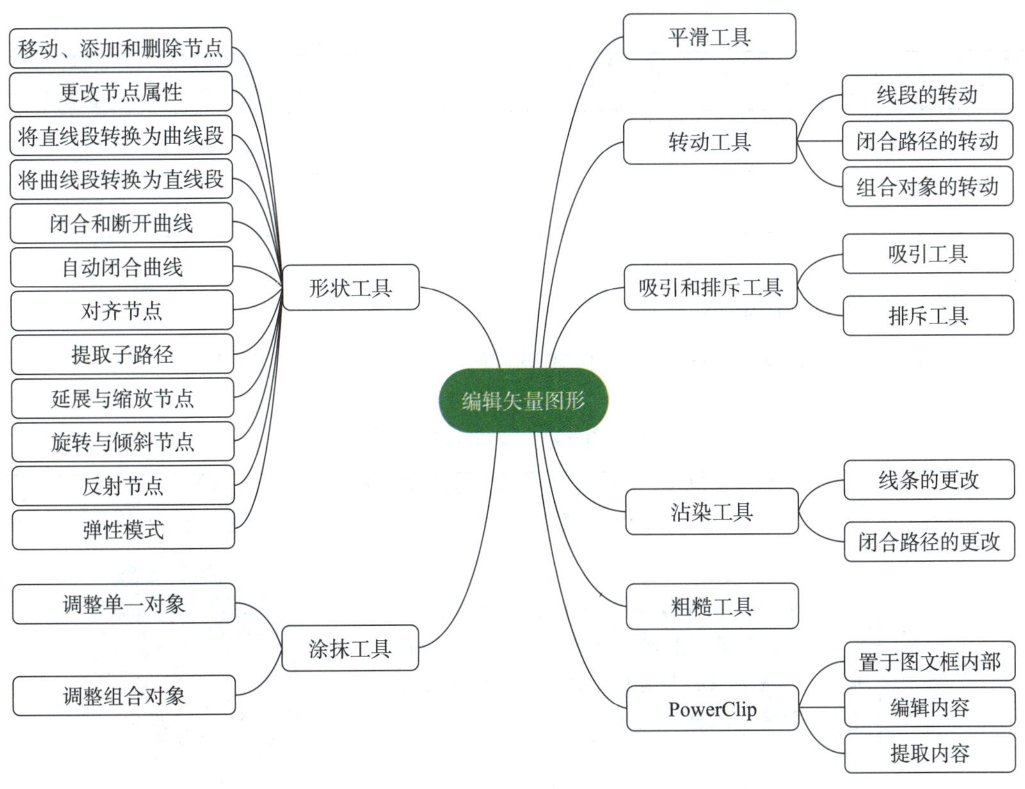

图 4-1-2　教材内容复习思维导图

三、实训计划制订

根据上一阶段的任务分析，完成实训计划的制订，见表 4-1-1。

表 4-1-1　实训计划

序号	工作内容	所需时间

续表

序号	工作内容	所需时间

四、操作步骤提示

参照表 4-1-2 所列的操作步骤和操作要点，完成星球插画的制作。

表 4-1-2　操作步骤提示

操作步骤	操作要点	图示
绘制背景	使用椭圆形工具绘制一个尺寸为 140 mm×140 mm 的正圆形来作为背景。使用交互式填充工具填充背景，将其从上到下依次填充从蓝色、玫红色到黄色的线性渐变	
绘制星球	使用椭圆形工具绘制一个尺寸为 60 mm×60 mm 的正圆形来作为星球。使用交互式填充工具填充星球，将其从上到下依次填充从浅黄色、玫红色到深蓝色的线性渐变	
绘制星云环	使用椭圆形工具绘制一个尺寸为 82 mm×34 mm 的椭圆形来作为星云环，设置合适的旋转角度和轮廓宽度。执行“对象”→“将轮廓转换为对象”命令，将其转换为对象。使用交互式填充工具填充星云环，将其从左到右依次填充从深蓝色、玫红色到浅黄色的线性渐变	
	复制星球，使用钢笔工具在复制出的星球上绘制一个矩形	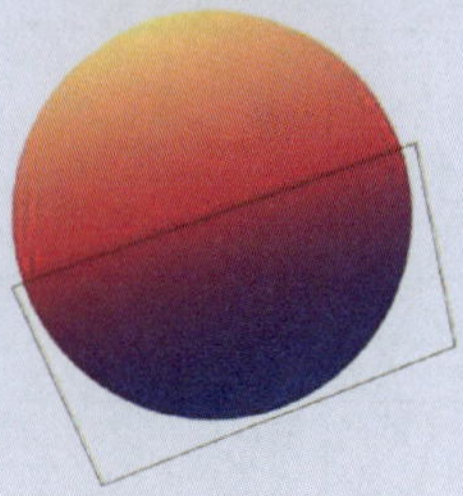

续表

操作步骤	操作要点	图示
绘制星云环	选中复制出的星球和矩形，单击参数属性栏中的“移除前面对象”按钮，将复制出的星球裁切成半圆，并将其放置在原星球的上层，调整位置	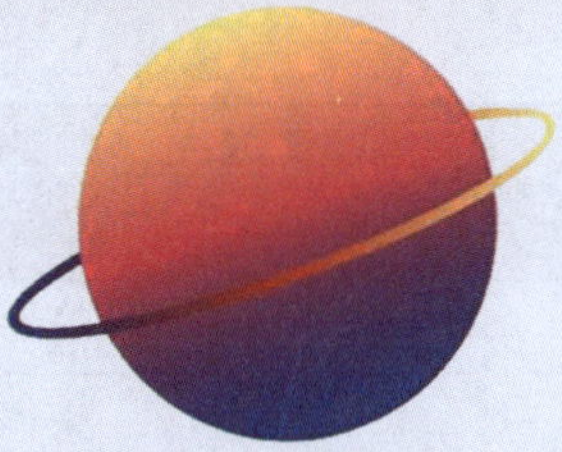
绘制云层	使用椭圆形工具绘制若干正圆形，将所有正圆形焊接成一个图形来作为云层。使用交互式填充工具填充云层，将其从左到右依次填充从浅黄色、粉色、浅黄色到粉色的线性渐变，取消轮廓色	
	使用椭圆形工具绘制一个尺寸为 140 mm×140 mm 的正圆形，放置在云层上层。选中正圆形和云层，在参数属性栏中单击“相交”按钮	
绘制多重云层	使用以上方法再绘制出 6 个云层，分别填充橘红色到橙色再到粉色、橘粉色到浅橘色再到深红色、深红色到浅紫色、玫红色到浅粉色、深红色到浅紫色、玫红色到浅粉色的线性渐变	
	调整所有云层的位置和顺序	
绘制流星	使用矩形工具绘制流星，填充为白色，使用形状工具调整出流星的圆角。复制出更多流星，并调整其大小和位置	
组合对象	组合以上对象	—

五、实训评价

在完成任务后展示作品，并分享完成任务过程中产生的心得和体会，然后从工具使用、软件操作、作品效果和作品展示等方面进行实训评价，可采用学生自评、学生互评与教师评价相结合的多元评价方式，见表 4–1–3。

表 4–1–3　实训评价

序号	评价要求	学生自评（占比 30%）	学生互评（占比 30%）	教师评价（占比 40%）
1	对实训任务的分析准确、到位（20 分）			
2	软件运用熟练、操作得当（20 分）			
3	能熟练使用形状工具（30 分）			
4	最终效果图的版式及构图合理（20 分）			
5	展示及作品解说效果（10 分）			
综合得分				

六、实训拓展

1. 参考图 4–1–3 所示云素材，使用 CorelDRAW 2021 软件绘制两种不同形态的云。

图 4–1–3　云

2. 参考图 4–1–4 所示食物图片素材，使用 CorelDRAW 2021 软件绘制一幅食物插画，画面中包含三种及三种以上食物。

图 4–1–4　食物

七、知识巩固与提高

1. 在使用形状工具调整曲线时，在需要添加节点的位置单击鼠标左键，然后单击参数属性栏中的“(　　)”按钮，可以在同一线段上添加等比节点。

A. 添加节点　　B. 删除节点

C. 调节节点　　D. 更改节点

2. 在使用形状工具选取需要删除的节点后，按（　　）键可以删除节点。

A. Shift　　B. Enter　　C. Ctrl　　D. Delete

3. 在使用转动工具时，转动的圈数是由（　　）的时间长短决定的，时间越长圈数越多，时间越短圈数越少。

A. 同时按住鼠标左、右键　　B. 按住鼠标左键

C. 按住鼠标滚轮　　D. 按住鼠标右键

4. 打开“工具”→“选项”→“CorelDRAW”→“PowerClip”→“自动居中新内容”选项卡，勾选“(　　)”选项，可使精确裁剪的对象被放置在容器图形的正中心；反之，取消此选项时，精确裁剪的对象保持原位置不动。

A. 一直　　B. 总是　　C. 始终　　D. 保持

5. 执行“对象”→“(　　)”→“提取内容”命令，可将对象从图文框内部提取出来，使对象与容器分离。

A. PowerClip　　B. 使对象适合路径

C. 叠印轮廓　　D. 转换为曲线

实训任务 2　制作风景插画

一、实训情境

某广告公司的设计师接受了一项设计任务：绘制一幅以动物为主题的风景插画。该任务要求设计师在 90 min 内使用 CorelDRAW 2021 软件进行平面设计与制作，得到如图 4-2-1 所示的风景插画。

图 4-2-1　风景插画

二、实训分析

在本任务中，可利用贝塞尔工具、形状工具和阴影工具等来完成制作。任务开始前，按照图 4-2-2 所示的思维导图复习教材中的知识点。

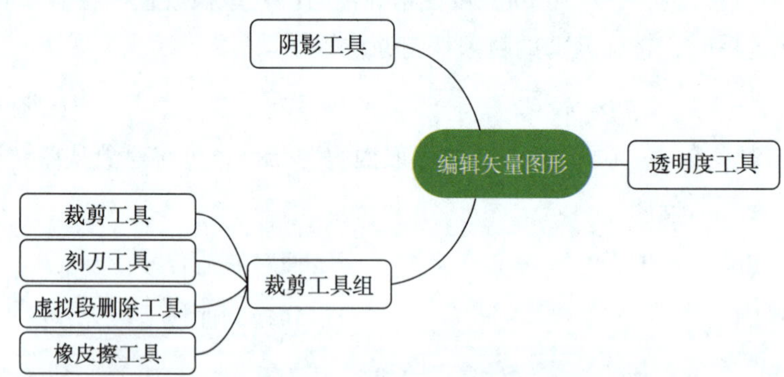

图 4-2-2　教材内容复习思维导图

三、实训计划制订

根据上一阶段的任务分析，完成实训计划的制订，见表 4-2-1。

表 4-2-1　实训计划

序号	工作内容	所需时间

续表

序号	工作内容	所需时间

四、操作步骤提示

参照表 4-2-2 所列的操作步骤和操作要点，完成风景插画的制作。

表 4-2-2　操作步骤提示

操作步骤	操作要点	图示
绘制湖面	使用矩形工具绘制一个浅灰色的背景。使用贝塞尔工具绘制湖面，填充为浅蓝色，取消轮廓色。使用阴影工具添加湖面内阴影	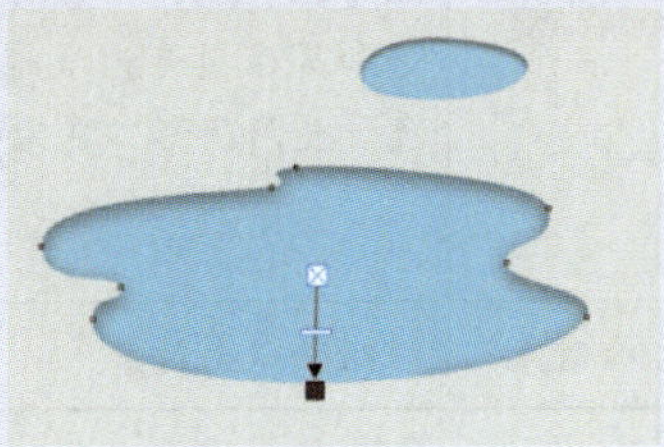
绘制水纹	使用椭圆形工具绘制水纹。使用阴影工具添加水纹内阴影，设置“内阴影颜色”为“蓝色”，“内阴影宽度”为“1”，取消轮廓色	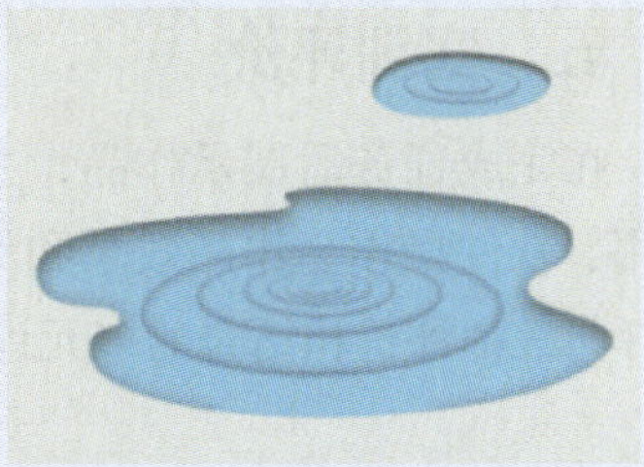
绘制芦苇和小草	使用矩形工具绘制一个矩形来作为芦苇，使用形状工具调整出芦苇的圆角，并将其填充为棕色。使用贝塞尔工具绘制芦苇茎和小草，填充为白色	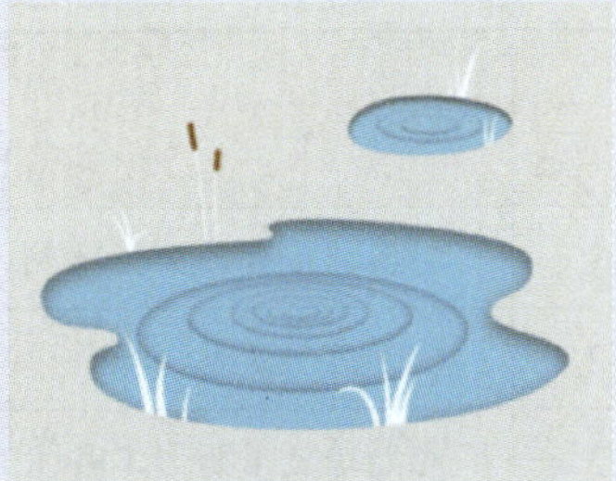

续表

操作步骤	操作要点	图示
绘制荷叶	使用椭圆形工具绘制两个大小不等的椭圆形来作为荷叶，使用参数属性栏中的“饼形”按钮，将荷叶调整为饼形，绘制出荷叶的形状，并将其填充为绿色。使用阴影工具为绘制好的植物添加外阴影，调整植物的大小和位置	
绘制鸭子	使用贝塞尔工具绘制鸭子。将鸭子的嘴和翅膀填充为橙色，头和尾巴填充为棕色，身体填充为红色，取消轮廓色	
绘制小鹿	使用贝塞尔工具绘制小鹿。将小鹿的头填充为深棕色，角、身体和腿填充为棕色，腹部和尾巴填充为浅棕色，鼻子和脚填充为黑色。使用阴影工具为小鹿添加投影	
组合对象	组合以上对象	—

五、实训评价

在完成任务后展示作品，并分享完成任务过程中产生的心得和体会，然后从工具使用、软件操作、作品效果和作品展示等方面进行实训评价，可采用学生自评、学生互评与教师评价相结合的多元评价方式，见表 4–2–3。

表 4–2–3　实训评价

序号	评价要求	学生自评（占比 30%）	学生互评（占比 30%）	教师评价（占比 40%）
1	对实训任务的分析准确、到位（20 分）			
2	软件运用熟练、操作得当（20 分）			
3	能熟练使用阴影工具（30 分）			

续表

序号	评价要求	学生自评（占比 30%）	学生互评（占比 30%）	教师评价（占比 40%）
4	最终效果图的造型及构图合理（20 分）			
5	展示及作品解说效果（10 分）			
综合得分				

六、实训拓展

1. 参考图 4-2-3 所示荷花素材，使用 CorelDRAW 2021 软件绘制两株不同形态的荷花和一片荷叶。

2. 参考图 4-2-4 所示人物插画素材，使用 CorelDRAW 2021 软件绘制一幅人物插画，画面中必须有人物和植物元素。

图 4-2-3　荷花

图 4-2-4　人物插画

七、知识巩固与提高

1. 在将对象和阴影分离时，可执行“对象”→“拆分墨滴阴影”命令，或直接按（　　）组合键，即可将对象和阴影分离。

A. Ctrl+K　　B. Ctrl+D　　C. Ctrl+G　　D. Ctrl+H

2. 在调整裁剪范围时，单击调整区域可以进行裁剪范围的旋转，按（　　）键或双击裁剪范围即可完成裁剪。

A. Shift　　B. Enter　　C. Ctrl　　D. Delete

3. 在使用橡皮擦工具时，若被擦除的对象没有被拆分，则需先按（　　）组合键将原对象拆分成两个独立的对象。

A. Ctrl+L　　B. Ctrl+G　　C. Ctrl+K　　D. Ctrl+N

4. 透明度工具的参数属性栏中的“节点透明度”用于指定选定节点的透明度，其数值（　　）。

A. 越大越透明　　B. 设置范围为 1 ~ 10

C. 越小越透明　　D. 设置范围为 1 ~ 100

5. 在调整裁剪范围时，如需退出裁剪过程，按（　　）键即可。

A. Insert　　B. Shift　　C. Home　　D. Esc

项目五
处理对象特效

实训任务 1　制作惊蛰主题海报

一、实训情境

某广告公司的设计师接受了一项设计任务：制作一张以二十四节气中的惊蛰节气为主题的文化类主题海报。该任务要求设计师在 90 min 内使用 CorelDRAW 2021 软件进行平面设计与制作，得到如图 5-1-1 所示的惊蛰主题海报。

图 5-1-1　惊蛰主题海报

二、实训分析

在本任务中，可利用调和工具和阴影工具等来完成制作。任务开始前，按照图 5-1-2

所示的思维导图复习教材中的知识点。

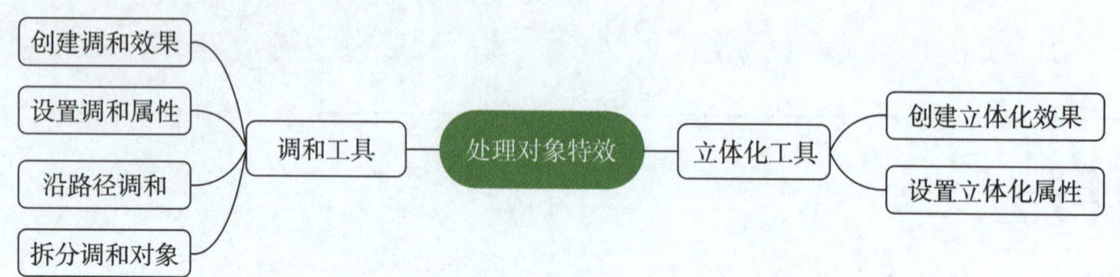

图 5-1-2　教材内容复习思维导图

三、实训计划制订

根据上一阶段的任务分析，完成实训计划的制订，见表 5-1-1。

表 5-1-1　实训计划

序号	工作内容	所需时间

四、操作步骤提示

参照表 5-1-2 所列的操作步骤和操作要点，完成惊蛰主题海报的制作。

表 5-1-2　操作步骤提示

操作步骤	操作要点	图示
绘制背景	使用矩形工具绘制一个和页面同样大小的矩形来作为背景，将其填充从蓝绿色到浅绿色的椭圆形渐变，取消轮廓色，锁定背景	—
绘制植物	使用贝塞尔工具绘制茎和叶片。将茎填充为绿色，取消轮廓色。将叶片的各层依次填充为深绿色、绿色和嫩绿色。用同样的方法绘制出其他叶片，调整其位置和大小	
	使用贝塞尔工具绘制其他植物。将叶片分别填充为绿色、深绿色和嫩绿色	
绘制植物阴影	将绘制好的所有植物放置在背景上，使用阴影工具为每组植物添加阴影，将阴影颜色设置为灰绿色。调整植物的位置和大小	
布置植物	使用贝塞尔工具绘制如右图所示的图形	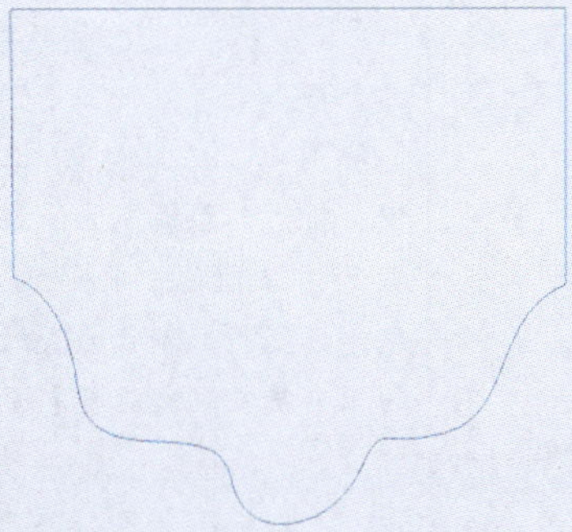

续表

操作步骤	操作要点	图示
布置植物	将所有植物置入绘制好的图形中	
绘制层次	使用贝塞尔工具绘制如右图所示的图形，并将其填充为白色	
	使用阴影工具添加阴影，将阴影颜色设置为深蓝色	
	使用以上方法绘制出其余层次。其中，将第二层填充为浅绿色，设置阴影颜色为深蓝色；将第三层填充为草绿色，设置阴影颜色为浅绿色。将绘制好的三个层次依次放置在页面中	

续表

操作步骤	操作要点	图示
绘制蝴蝶翅膀	使用贝塞尔工具绘制单片蝴蝶翅膀，将其上半部分填充棕色到深黄色的线性渐变，将其下半部分填充黄色到浅黄色的线性渐变，将其内部花纹填充为橙色	
	使用椭圆形工具在蝴蝶翅膀上绘制两个白色椭圆形，使用调和工具绘制蝴蝶翅膀的斑点，拆分斑点，调整其位置和大小	
	使用以上方法完成其余翅膀的绘制	
绘制蝴蝶身体	使用椭圆形工具和贝塞尔工具绘制蝴蝶身体，将其填充黑色到深棕色的渐变	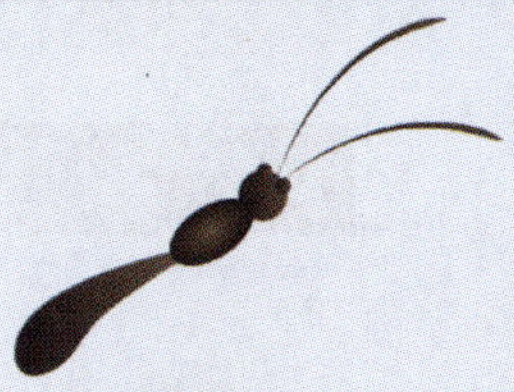
	将蝴蝶翅膀和蝴蝶身体组合，并调整至合适的比例和大小	
导入素材	将素材“版式.png”导入到页面中，调整其位置和大小。双击矩形工具以生成与页面相同大小的矩形，选中所有对象，将其置于矩形内部	—
组合对象	组合以上对象	—

五、实训评价

在完成任务后展示作品，并分享完成任务过程中产生的心得和体会，然后从工具使用、软件操作、作品效果和作品展示等方面进行实训评价，可采用学生自评、学生互评与教师评价相结合的多元评价方式，见表 5–1–3。

表 5–1–3　实训评价

序号	评价要求	学生自评（占比 30%）	学生互评（占比 30%）	教师评价（占比 40%）
1	对实训任务的分析准确、到位（20 分）			
2	软件运用熟练、操作得当（20 分）			
3	能熟练使用调和工具（20 分）			
4	能灵活使用相关素材资料（10 分）			
5	最终效果图的版式及构图合理（20 分）			
6	展示及作品解说效果（10 分）			
综合得分				

六、实训拓展

1. 参考图 5–1–3 所示立体字，使用 CorelDRAW 2021 软件的立体化工具绘制相同立体字。

图 5–1–3　立体字

2. 使用 CorelDRAW 2021 软件设计并制作昆虫邮票，要求设计并制作四款不同主题的昆虫邮票。

七、知识巩固与提高

1. 一般情况下，透明度工具的控制手柄上只有一个（　　）节点和一个（　　）节点，如果想制作出较好的透明效果，可通过拖动调色板中的颜色块到控制手柄上来添加节点。

A. 白色　　B. 黑色　　C. 蓝色　　D. 红色

2. 灭点是立体化透视时的消失点，是指图形各点延伸线向远处延伸的（　　）。

A. 起点　　B. 终点　　C. 相交点　　D. 断点

3. 选中调和的曲线路径，用鼠标（　　）调色板上方的☐按钮，将路径隐藏，可使调和效果更加自然和美观。

A. 左键单击　　B. 右键单击

C. 左键双击　　D. 左键拖拽

4. 调和类型分为“（　　）”“（　　）”和“（　　）”三种，通过选择不同的调和类型，可改变光谱色彩的变化方式。

A. 直接调和　　B. 顺时针调和

C. 逆时针调和　　D. 单向调和

5. 选中调和对象，执行“对象”→“拆分混合”命令或按（　　）组合键，可将调和的开始对象和结束对象分离出来。

A. Ctrl+A　　B. Ctrl+K　　C. Ctrl+G　　D. Ctrl+V

实训任务 2　制作花店卡片

一、实训情境

某广告公司的设计师接受了一项设计任务：为一家花店制作卡片。该任务要求设计师在 45 min 内使用 CorelDRAW 2021 软件进行平面设计与制作，得到如图 5-2-1 所示的花店卡片。

图 5-2-1　花店卡片

二、实训分析

在本任务中，可利用变形工具和立体化工具等来完成制作。任务开始前，按照图 5-2-2 所示的思维导图复习教材中的知识点。

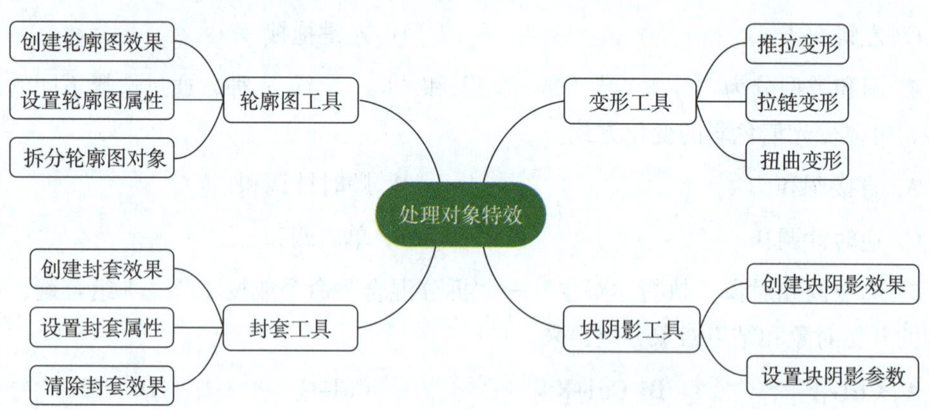

图 5-2-2　教材内容复习思维导图

三、实训计划制订

根据上一阶段的任务分析，完成实训计划的制订，见表 5-2-1。

表 5-2-1　实训计划

序号	工作内容	所需时间

续表

序号	工作内容	所需时间

四、操作步骤提示

参照表 5-2-2 所列的操作步骤和操作要点，完成花店卡片的制作。

表 5-2-2　操作步骤提示

操作步骤	操作要点	图示
绘制花茎	使用贝塞尔工具绘制花茎，设置轮廓色为绿色，调整轮廓宽度	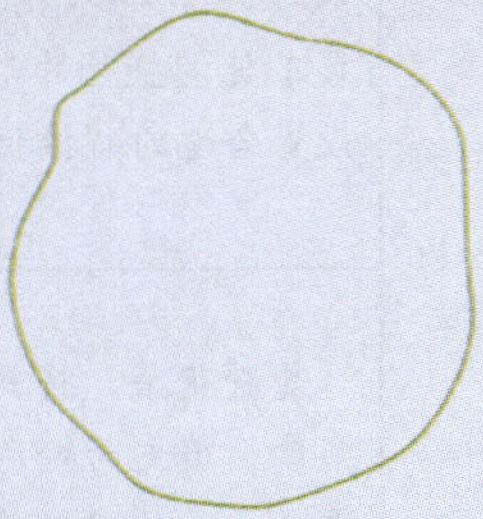
	复制花茎，在参数属性栏中设置合适的旋转角度	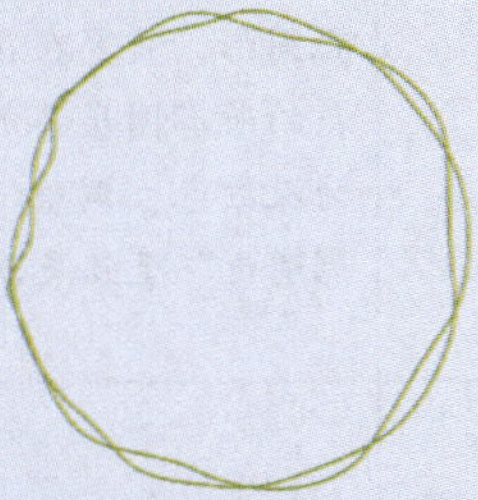
绘制第一朵花	使用多边形工具绘制一个五边形来作为第一朵花，使用形状工具删除五边形中间的节点	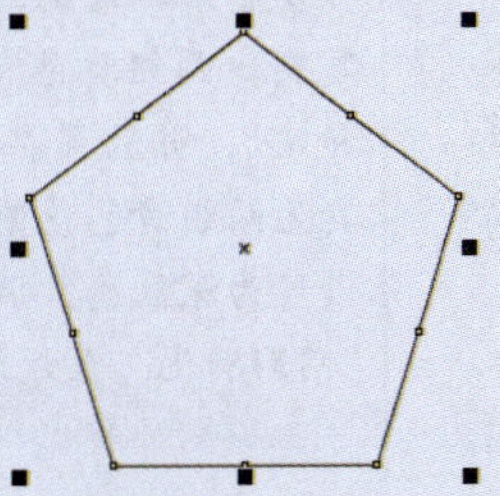

续表

操作步骤	操作要点	图示
绘制第一朵花	使用变形工具调整花的形状，选择“推拉变形”，设置合适的“推拉振幅”。将花填充为黄色，取消轮廓色	
	复制花朵，将其等比例放大并旋转一定角度，填充为橙色。将复制出的花朵放置在后方。使用椭圆形工具绘制一个红色的正圆形，放置在花中心。使用阴影工具为花的所有图层添加阴影，将阴影颜色设置为深红色，调整“阴影不透明度”和“阴影羽化”至效果合适	
绘制第二朵花	使用椭圆形工具绘制一个黄色的正圆形来作为第二朵花，取消轮廓色。使用变形工具调整花的形状，选择“推拉变形”，设置合适的“推拉振幅”	
	复制花朵，将其等比例放大并旋转一定角度，填充为橙色。将复制出的花朵放置在后方。使用椭圆形工具绘制一个红色的正圆形，放置在花中心。使用阴影工具为花的所有图层添加阴影，将阴影颜色设置为深红色，调整“阴影不透明度”和“阴影羽化”至效果合适	
绘制第三朵花	复制第二朵花，并在第二朵花的基础上复制出两组黄色花瓣，将其分别旋转18°和82°，并放置在花的下层。使用阴影工具为两组黄色花瓣添加阴影，将阴影颜色设置为深红色，调整“阴影不透明度”和“阴影羽化”至效果合适	

续表

操作步骤	操作要点	图示
绘制叶子	使用贝塞尔工具绘制叶子，将叶片填充为浅绿色，将叶脉填充为深绿色	
	使用椭圆形工具绘制叶片，并将其填充为灰色	
绘制花环	复制花、叶子和叶片，将其调整大小和旋转角度后，摆放在花茎上合适的位置。使用椭圆形工具绘制一个浅绿色椭圆形并将其复制多个来作为装饰	
输入文字	使用文本工具在页面中输入文字“遇见花店”，设置字体为“思源宋体”，填充为淡绿色。使用立体化工具为文字做出立体效果，执行“对象”→“拆分立体化群组”命令，单击参数属性栏中的“文本”按钮，在“文本”泊坞窗中将文字重新填充为深绿色	
	将文字放置在花环的中心	
导入素材	将素材“花店卡片背景.jpg”导入到页面中心，调整对象的图层顺序	—
组合对象	组合以上对象	—

五、实训评价

在完成任务后展示作品，并分享完成任务过程中产生的心得和体会，然后从工具使用、软件操作、作品效果和作品展示等方面进行实训评价，可采用学生自评、学生互评与教师评价相结合的多元评价方式，见表 5-2-3。

表 5-2-3　实训评价

序号	评价要求	学生自评（占比 30%）	学生互评（占比 30%）	教师评价（占比 40%）
1	对实训任务的分析准确、到位（20 分）			
2	软件运用熟练、操作得当（20 分）			
3	能熟练使用变形工具（20 分）			
4	能灵活使用相关素材资料（10 分）			
5	最终效果图的版式及构图合理（20 分）			
6	展示及作品解说效果（10 分）			
综合得分				

六、实训拓展

1. 参考图 5-2-3 所示海报，使用 CorelDRAW 2021 软件的封套工具绘制相同海报。

图 5-2-3　海报

2. 使用 CorelDRAW 2021 软件设计并制作春节红包，要求以烟花和灯笼为主题，设计并制作两款不同的春节红包。

七、知识巩固与提高

1. 编辑封套节点的方法与编辑曲线节点的方法类似，也可以移动、添加、删除节点或改变节点的（　　）。

A. 位置　　B. 属性　　C. 方向　　D. 数量

2. 推拉振幅的取值范围为（　　），输入正值，可使变形效果向对象外部扩展；输入负值，可使变形效果向对象内部收缩。

A. -200 ~ 200　　B. -400 ~ 400　　C. -100 ~ 100　　D. -300 ~ 300

3. 选中轮廓图对象，执行"对象"→"拆分轮廓图"命令或按（　　）组合键，可将轮廓图对象分离。

A. Ctrl+C　　B. Ctrl+V　　C. Ctrl+K　　D. Ctrl+D

4. 变形工具的参数属性栏中提供了"（　　）""（　　）"和"（　　）"三种变形方式。

A. 拉链变形　　B. 推拉变形　　C. 扭曲变形　　D. 柱面变形

5. 块阴影工具可以将矢量阴影添加到对象或文本中，块阴影和阴影及立体化不同，它由简单的（　　）构成，常被用于屏幕打印和标牌的制作。

A. 面　　B. 点　　C. 线条　　D. 线段

项目六
处理位图图像

实训任务 1　制作电商广告图

一、实训情境

某广告公司的设计师接受了一项设计任务：为某电商制作“双十一”广告图。该任务要求设计师在 90 min 内使用 CorelDRAW 2021 软件进行平面设计与制作，得到如图 6-1-1 所示的电商广告图。

图 6-1-1　电商广告图

二、实训分析

在本任务中，可通过调整位图图像色彩、效果和滤镜等来完成制作。任务开始前，按照图 6-1-2 所示的思维导图复习教材中的知识点。

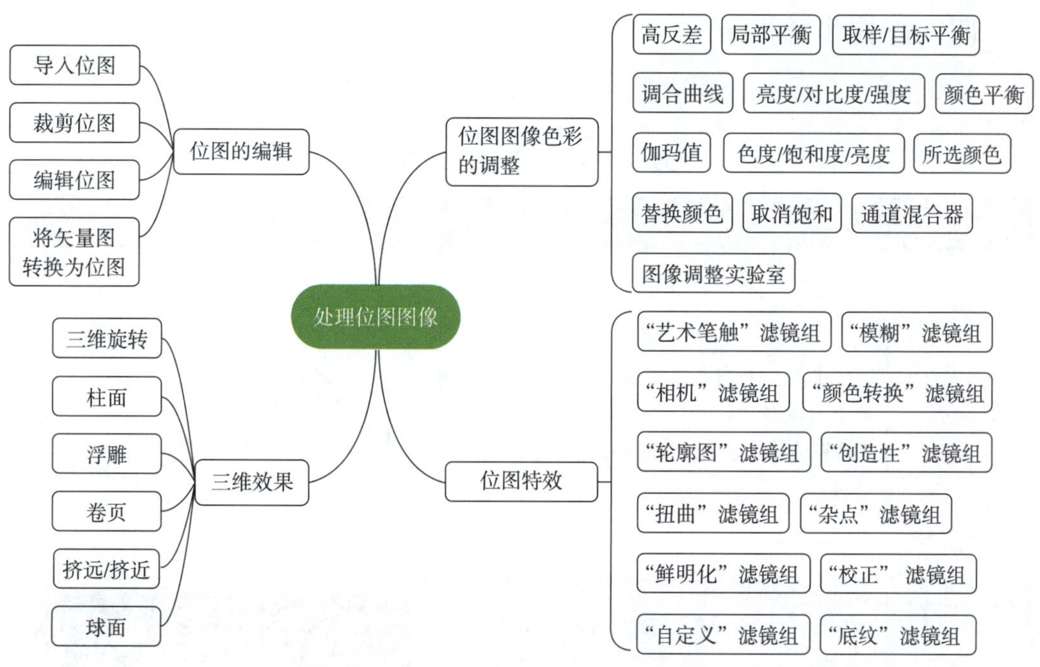

图 6-1-2 教材内容复习思维导图

三、实训计划制订

根据上一阶段的任务分析，完成实训计划的制订，见表 6-1-1。

表 6-1-1 实训计划

序号	工作内容	所需时间

四、操作步骤提示

参照表 6–1–2 所列的操作步骤和操作要点，完成电商广告图的制作。

表 6–1–2　操作步骤提示

操作步骤	操作要点	图示
导入素材	将素材“电商广告背景 .png”导入到页面中。执行“效果”→“调整”→“调合曲线”命令，弹出“调合曲线”对话框	
	在弹出的“调合曲线”对话框的网格区中调整控制点，以调整出合适的色彩	
输入文字	使用文本工具在页面中输入文字“11.11 劲爆狂欢”，设置字体为“思源黑体”，设置合适的文字大小，填充为白色。复制文字并将其放置在原文字下层，填充为粉色	
	将白色文字再复制一层，放置到粉色文字图层下层并添加描边，设置描边粗细为“7.0 pt”，描边颜色为“红色”。在“属性”对话框中单击“轮廓设置”按钮，将“角”和“线条端头”都改成圆角模式	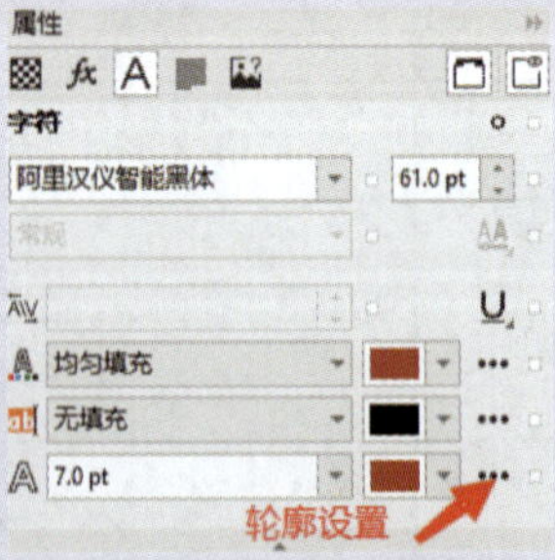 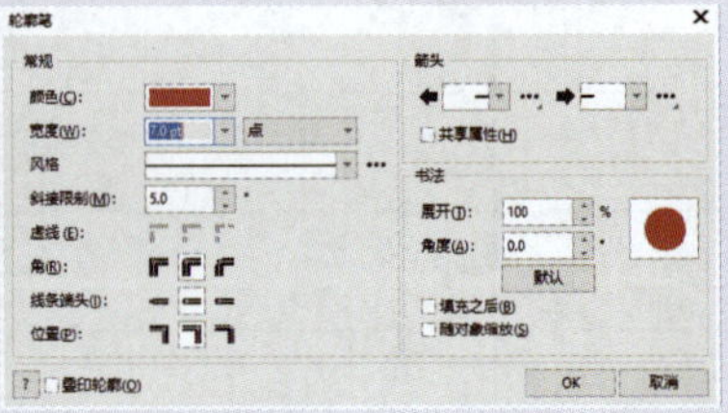

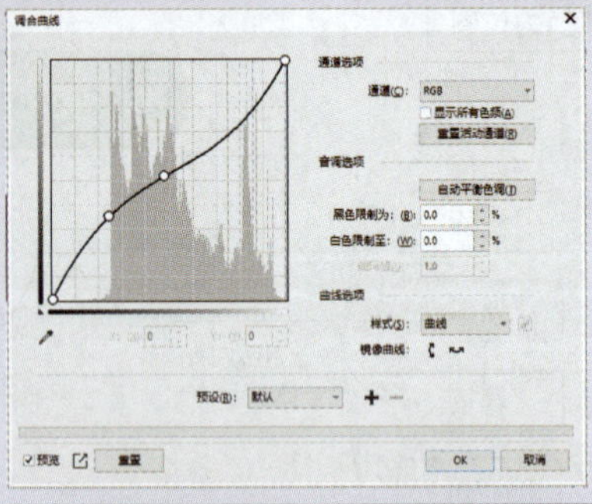

续表

操作步骤	操作要点	图示
输入文字	复制添加描边的文字图层，并将其放置到文字的最下层，设置描边粗细为“11.0 pt”，描边颜色为“黄色”	
	使用矩形工具绘制一个长 541 px、宽 102 px 的矩形，使用形状工具将矩形拖拽成圆角矩形，填充为橘粉色。使用阴影工具为圆角矩形添加内阴影，设置阴影颜色为深红色	
	使用矩形工具绘制一个长 566 px、宽 127 px 的矩形并拖拽成圆角矩形，填充为黄色	
	使用文本工具输入文字“狂欢盛典　劲爆来袭”，设置字体为“思源黑体”，字号为“13 pt”，填充为白色。使用阴影工具为字体添加外阴影，设置阴影颜色为红色	
添加下雪效果	使用椭圆形工具绘制七个尺寸为 11 px×11 px 的正圆形，填充为白色，取消轮廓色	
	选择以上七个正圆形，执行“效果”→“创造性”→“散开”命令，设置“水平”和“垂直”均为“100”，以制作散开的雪花	
	将散开的雪花执行“位图”→“转换为位图”命令，随后将雪花放大，并向下复制两次	

续表

操作步骤	操作要点	图示
添加卷页效果	使用矩形工具在页面左、右两端各绘制一个长1 080 px、宽657 px的矩形，填充为红色。选中左边的矩形，执行“效果”→“三维效果”→“卷页”命令，制作右下角的卷页效果，设置卷曲度颜色为“红色”，其他参数如右图所示	
	用以上方法再制作右边矩形左上角的卷页效果，其他参数如右图所示	
绘制阴影	在做好的卷页图层下方使用钢笔工具绘制两个三角形，填充为红色，执行“效果”→“模糊”→“高斯式模糊”命令，设置“半径”的数值为“40”	—
组合对象	组合以上对象	—

五、实训评价

在完成任务后展示作品，并分享完成任务过程中产生的心得和体会，然后从工具使用、软件操作、作品效果和作品展示等方面进行实训评价，可采用学生自评、学生互评与教师评价相结合的多元评价方式，见表6–1–3。

表6–1–3 实训评价

序号	评价要求	学生自评（占比30%）	学生互评（占比30%）	教师评价（占比40%）
1	对实训任务的分析准确、到位（20分）			
2	软件运用熟练、操作得当（20分）			

续表

序号	评价要求	学生自评（占比 30%）	学生互评（占比 30%）	教师评价（占比 40%）
3	能熟练调整位图图像色彩、效果和滤镜（20 分）			
4	能灵活使用相关素材资料（10 分）			
5	最终效果图的版式及构图合理（20 分）			
6	展示及作品解说效果（10 分）			
综合得分				

六、实训拓展

1. 参考图 6-1-3 所示运动海报，使用 CorelDRAW 2021 软件的三维效果绘制相同海报。

图 6-1-3　运动海报

2. 使用 CorelDRAW 2021 软件，分别以玻璃和木头质感为目标效果，设计并制作两款不同的立体字。

七、知识巩固与提高

1. “(　　)”滤镜组可以生成晶体化、织物、框架、玻璃和旋涡等效果。

A. 轮廓图　　　　B. 自定义

C. 创造性　　　　D. 鲜明化

2. 执行“效果”→“调整”→“图像调整实验室”命令，打开“图像调整实验室”对话框，在一般情况下，可以使用“选择黑点颜色”按钮选择图像中最暗的区域来自动调整图像的颜色和（　　）。

A. 对比度　　　　B. 明度

C. 色温　　　　D. 灰度

3. 在“转换为位图”对话框中，“分辨率”用于设置位图图像的分辨率，默认分辨率为（　　）。分辨率越高，图像包含的像素越多，图像的信息量就越大，文件也就越大。

A. 150 dpi　　　　B. 200 dpi

C. 72 dpi　　　　D. 300 dpi

4. 执行“效果”→“调整”命令，弹出“调整”子菜单，其中“局部平衡”命令可通过提高各颜色边缘的对比度，显示（　　）区域和（　　）区域中的细节，使位图边缘的颜色达到平衡的效果。

A. 明亮　　　　B. 过渡

C. 交叉　　　　D. 暗色

5. “相机”滤镜组可以为位图添加模拟相机镜头光感的效果，以生成不同的摄影风格。“相机”滤镜组可设置的效果不包括（　　）。

A. 着色　　　　B. 色温

C. 照片过滤器　　　　D. 棕褐色色调

实训任务2　制作地产宣传单

一、实训情境

某广告公司的设计师接受了一项设计任务：为某地产公司制作宣传单。该任务要求设计师在90 min内使用CorelDRAW 2021软件进行平面设计与制作，得到如图6-2-1所示的地产宣传单。

图 6-2-1　地产宣传单

二、实训分析

在本任务中，可利用位图的变换等来完成制作。任务开始前，按照图 6-2-2 所示的思维导图复习教材中的知识点。

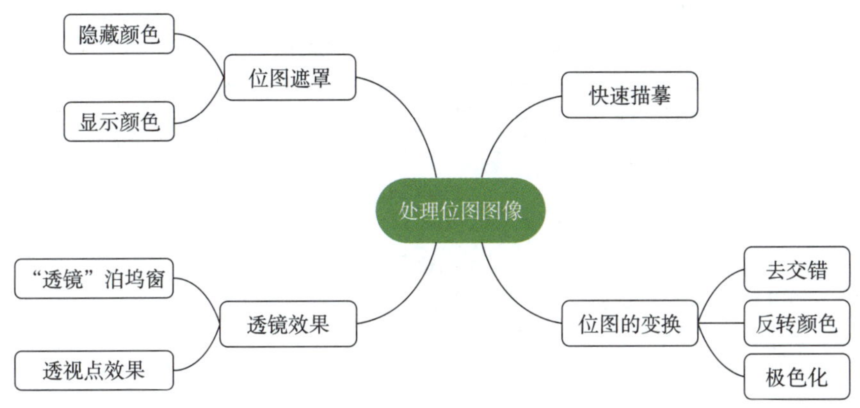

图 6-2-2　教材内容复习思维导图

三、实训计划制订

根据上一阶段的任务分析，完成实训计划的制订，见表 6-2-1。

表 6-2-1　实训计划

序号	工作内容	所需时间

四、操作步骤提示

参照表 6-2-2 所列的操作步骤和操作要点，完成地产宣传单的制作。

表 6-2-2　操作步骤提示

操作步骤	操作要点	图示
导入背景素材	将素材“地产宣传单背景 .png”导入到页面中，执行“位图”→“重新取样”命令，设置“图像大小”中的“宽度”为“242 mm”，其余参数不变。执行“对象”→“对齐与分布”→“对页面居中”命令，使素材与页面居中对齐	—
导入渐变圆素材	将素材“渐变圆 .png”导入到页面中，执行“位图”→“重新取样”命令，设置“图像大小”中的“宽度”为“228 mm”，其余参数不变，调整素材至合适位置	

续表

操作步骤	操作要点	图示
导入底部背景素材	将素材“底部背景 .png”导入到页面中，执行“位图”→“重新取样”命令，设置“图像大小”中的“宽度”为“230 mm”，其余参数不变。执行“窗口”→“泊坞窗”→“对齐与分布”命令，打开“对齐与分布”泊坞窗，选择“选定对象”选项，然后选中背景和底部背景，单击“底端对齐”按钮，使底部背景和背景底端对齐	
导入数字素材	将素材“数字 .png”导入到页面中，执行“位图”→“重新取样”命令，设置“图像大小”中的“宽度”为“418 mm”，其余参数不变，调整数字素材至合适位置	
导入楼盘素材	将素材“楼盘 .png”导入到页面中，将其图层顺序调整到数字素材下方。执行“效果”→“调整”→“颜色平衡”命令，调整参数	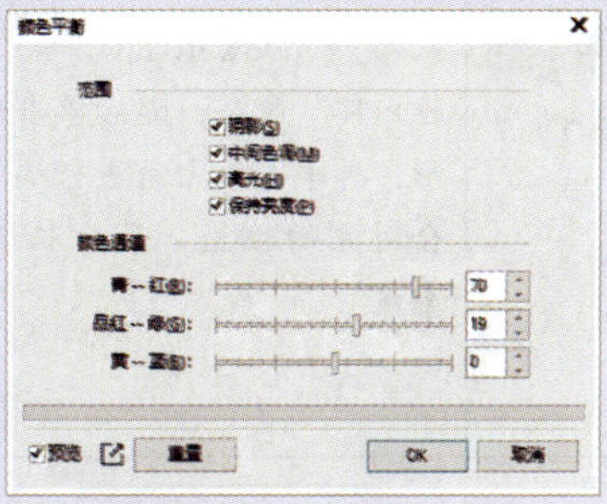
	再执行“效果”→“调整”→“色调 / 饱和度 / 亮度”命令，调整参数	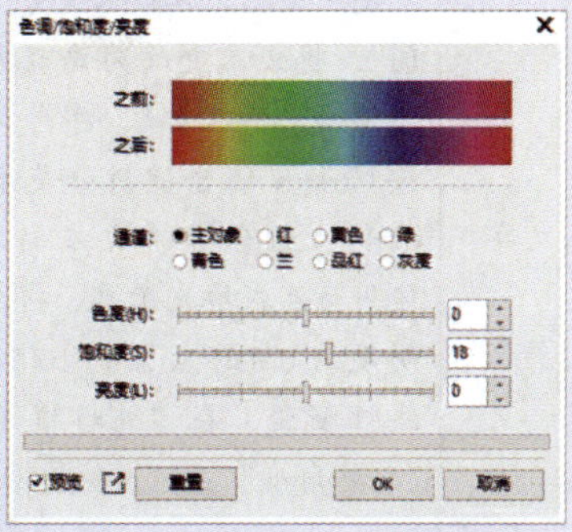

续表

操作步骤	操作要点	图示
导入楼盘素材	再执行“效果”→“变换”→“极色化”命令，设置“层次”为“4”	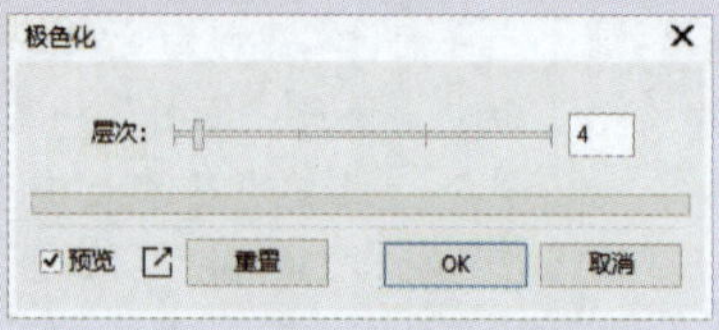
	调整图片的位置和大小	
置于图文框内部	组合以上所有对象。使用矩形工具绘制一个长 297 mm、宽 210 mm 的矩形。选中以上对象，执行“对象”→“PowerClip”→“置于图文框内部”命令，随后单击创建好的矩形，再单击左上角进行编辑，调整组合对象的位置，最后取消图文框轮廓线	
输入文字	使用文本工具输入文字“精工样板间”，将文本更改为垂直方向，设置字体为“新宋体”，字号为“57 pt”。按 Ctrl+K 组合键拆分美术字，再按 Ctrl+Q 组合键将文本转换为曲线。使用交互式填充工具，将文字填充透明度为 0% 的黑色到 100% 的黑色的线性渐变，在“编辑填充”中设置“旋转角度”为“270°”	 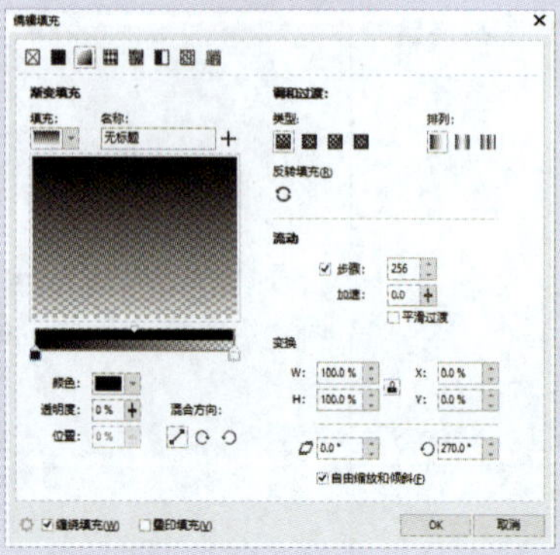

续表

操作步骤	操作要点	图示
输入文字	使用文本工具输入文字“焕新一城人居想象”，将文本更改为垂直方向，设置字号为“37 pt”，填充为灰色。调整文字至合适位置	
	使用文本工具输入文字“196～124 m^2 全精品三房阔景四房 131～178 m^2 临街旺铺”，设置字号为“16 pt”，填充为灰色。调整文字至合适位置	—
组合对象	组合以上对象	—

五、实训评价

在完成任务后展示作品，并分享完成任务过程中产生的心得和体会，然后从工具使用、软件操作、作品效果和作品展示等方面进行实训评价，可采用学生自评、学生互评与教师评价相结合的多元评价方式，见表 6–2–3。

表 6–2–3　实训评价

序号	评价要求	学生自评（占比 30%）	学生互评（占比 30%）	教师评价（占比 40%）
1	对实训任务的分析准确、到位（20 分）			
2	软件运用熟练、操作得当（20 分）			
3	能熟练调整位图的变换（20 分）			
4	能灵活使用相关素材资料（10 分）			
5	最终效果图的版式及构图合理（20 分）			
6	展示及作品解说效果（10 分）			
综合得分				

六、实训拓展

1. 参考图 6-2-3 所示概念图形，使用 CorelDRAW 2021 软件的透镜效果绘制相同的概念图形。

图 6-2-3　概念图形

2. 使用 CorelDRAW 2021 软件，设计并制作地产项目发布会邀请函。

七、知识巩固与提高

1. 使用“透镜”泊坞窗可以制作许多特殊效果，例如局部放大、(　　)、(　　)、(　　)、局部鱼眼和局部透明等。

A. 局部加亮　　B. 局部变色　　C. 局部反转　　D. 局部缩小

2.“(　　)”命令可以将位图中的某种特定的颜色或与之相似的颜色隐藏，也可以只显示位图中的某种颜色。

A. 快速描摹位图　　B. 位图遮罩　　C. 透镜效果　　D. 位图的变换

3. 在“透镜”泊坞窗中启用“视点”复选框，显示视点，在不移动透镜的情况下，拖动视点可显示透镜下图像的特定部分，显示的（　　）即为视点。

A. 中心点　　B. 起点　　C. 终点　　D. 灭点

4. 在“透镜”泊坞窗中启用“移除表面”复选框，可在透镜覆盖其他对象的区域显示透镜效果，此复选框在“(　　)”和“(　　)”透镜中不可用。

A. 鱼眼　　B. 热图　　C. 反转　　D. 放大

5.“极色化”命令可以（　　）位图中色调值的数量，移除颜色层次，从而产生大面积缺乏层次感的颜色。

A. 混合　　B. 减少　　C. 调整　　D. 增加

项目七
编辑应用文本

实训任务 1　制作画册内页

一、实训情境

某广告公司的设计师接受了一项设计任务：为某画廊制作画册内页。该任务要求设计师在 90 min 内使用 CorelDRAW 2021 软件进行平面设计与制作，得到如图 7-1-1 所示的画册内页。

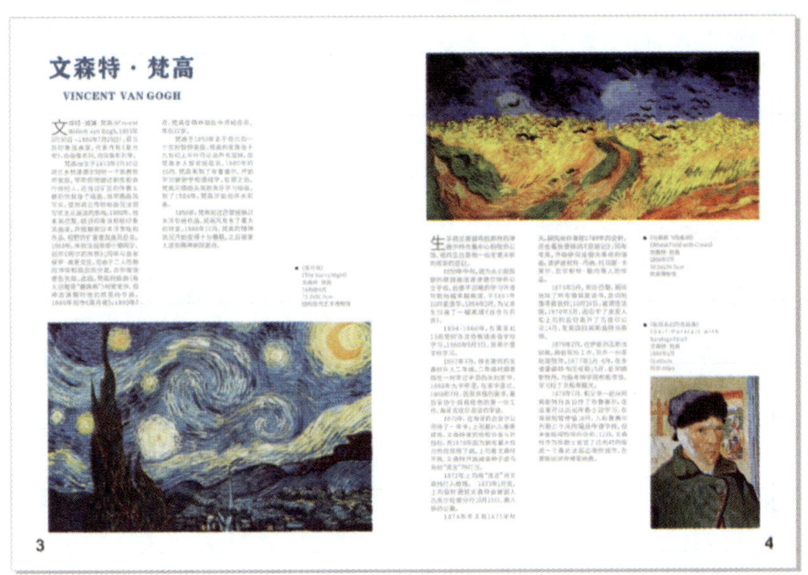

图 7-1-1　画册内页

二、实训分析

在本任务中，可通过创建和处理文本等操作来完成制作。任务开始前，按照图 7-1-2

所示的思维导图复习教材中的知识点。

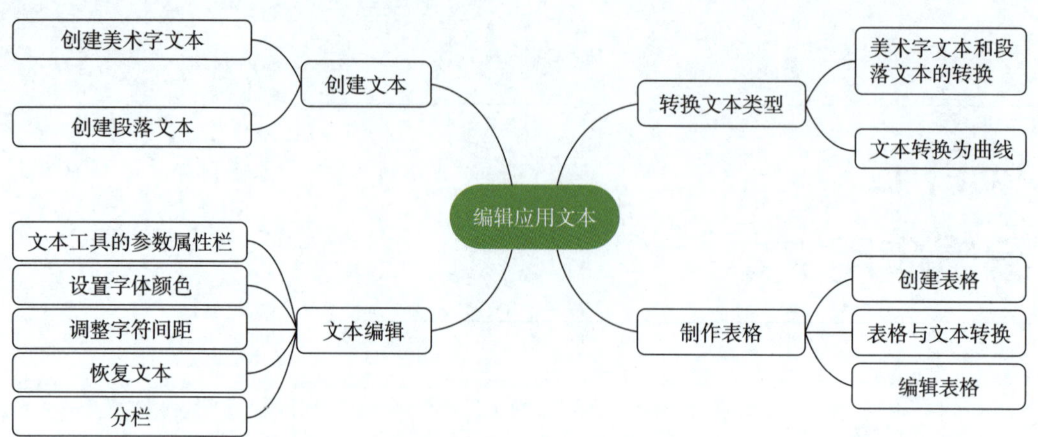

图 7-1-2　教材内容复习思维导图

三、实训计划制订

根据上一阶段的任务分析，完成实训计划的制订，见表 7-1-1。

表 7-1-1　实训计划

序号	工作内容	所需时间

四、操作步骤提示

参照表 7-1-2 所列的操作步骤和操作要点，完成画册内页的制作。

表 7-1-2　操作步骤提示

操作步骤	操作要点	图示
创建文档、设置版心	在启动界面中单击“新文档”选项，打开“创建新文档”对话框，在对话框的“名称”选项中输入“画册内页”，设置“原色模式”为“CMYK”，“页面大小”为“宽度 420 mm、高度 285 mm”，“方向”为“横向”，“分辨率”为“300 dpi”。为画册内页添加辅助线，画册内页的天头、地脚和翻口的留白均为 20 mm，订口的留白为 15 mm	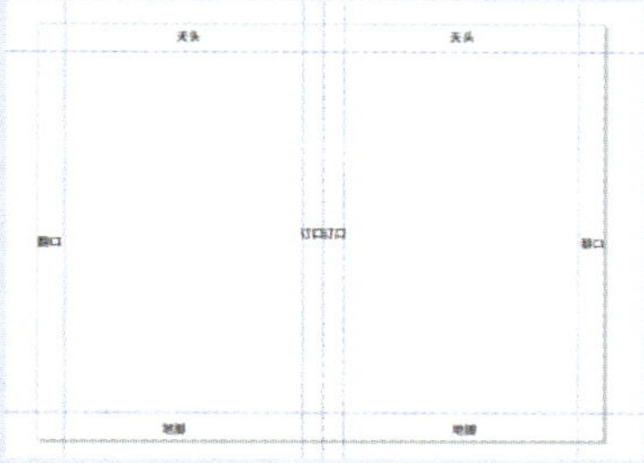
插入页码	执行“布局”→“插入页码”→“位于活动图层”命令，分别设置左、右页面的页码为“3”和“4”	
页面排版	分别导入素材“星月夜.jpg”“乌鸦群飞的麦田.jpg”和“自画像.jpg”，调整素材的位置和大小	
制作页面 3 标题	使用文本工具在页面 3 中输入中文“文森特 · 梵高”和英文“VINCENT VAN GOGH”，填充为深蓝色。将中文和英文在页面中左对齐	
制作页面 3 文本	使用文本工具在页面 3 中拖拽出一个文本框，为文本框设置合适的宽度与高度。复制“文字素材 1– 文森特 · 梵高简介 P3.docx”中的文本内容并将其粘贴至文本框中。选中所有文本，执行“文本”→“栏”命令，将“栏数”设置为“2”，勾选“保持当前图文框宽度”	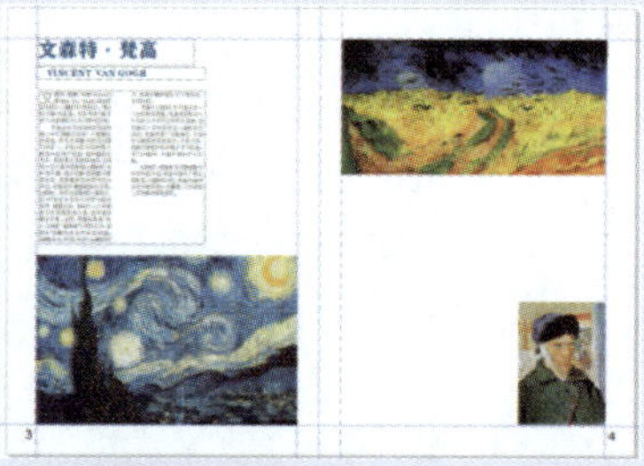

续表

操作步骤	操作要点	图示
设置段落	使用文本工具选中文本框中的第一个文字，执行“文本”→“首字下沉”命令，弹出“首字下沉”对话框，设置“下沉行数”为“2”	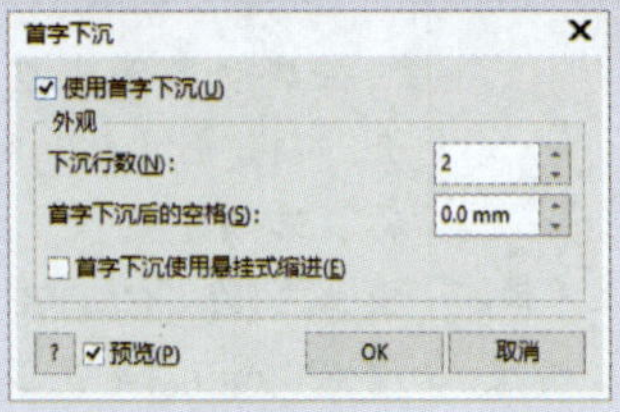 
	选中文本框中除第一段外的所有文字，打开“属性”泊坞窗，选择“段落”选项，设置“首行缩进”为“7.2 mm”	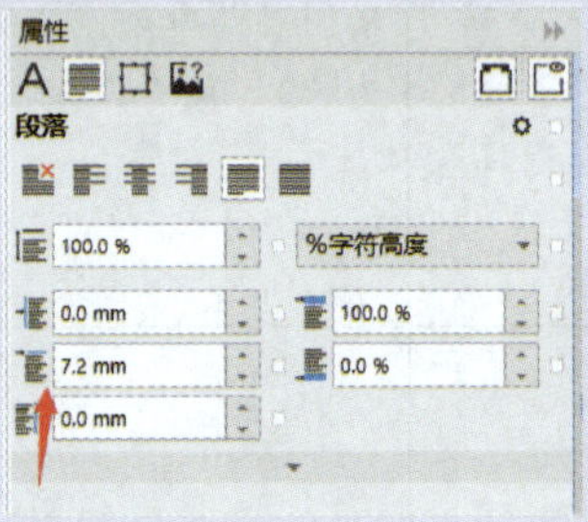 
制作页面 4 文本、导入素材	使用文本工具在页面 4 中拖拽出一个文本框，为文本框设置合适的宽度与高度。复制“文字素材 2– 文森特 · 梵高简介 P4.docx”中的文本内容并将其粘贴至文本框中。使用前面的方法设置分栏、首字下沉和首行缩进，并将文本字体、字号和颜色按页面 3 文本进行设置	

续表

操作步骤	操作要点	图示
制作页面 4 文本、导入素材	使用文本工具在页面 3 中拖拽出一个文本框，复制“文字素材 3- 乌鸦群飞的麦田 .docx”中的文本内容并将其粘贴至文本框中，填充透明度为 80% 的黑色。使用椭圆形工具在文字左侧绘制一个正圆形，填充透明度为 80% 的黑色，取消轮廓色。将以上文字与作者简介文字底端对齐。使用以上方法再复制“文字素材 4- 星月夜 .docx”和“文字素材 5- 自画像 .docx”中的文本内容并将其粘贴至页面 4 的文本框中	
组合对象	组合以上对象	

五、实训评价

在完成任务后展示作品，并分享完成任务过程中产生的心得和体会，然后从工具使用、软件操作、作品效果和作品展示等方面进行实训评价，可采用学生自评、学生互评与教师评价相结合的多元评价方式，见表 7-1-3。

表 7-1-3　实训评价

序号	评价要求	学生自评（占比 30%）	学生互评（占比 30%）	教师评价（占比 40%）
1	对实训任务的分析准确、到位（20 分）			
2	软件运用熟练、操作得当（20 分）			
3	能熟练创建和处理文本（20 分）			
4	能灵活使用相关素材资料（10 分）			
5	最终效果图的版式及构图合理（20 分）			
6	展示及作品解说效果（10 分）			
综合得分				

六、实训拓展

1. 参考图 7–1–3 所示瓷器图片，使用 CorelDRAW 2021 软件设计并制作瓷器杂志内页，将文案以字符代替。

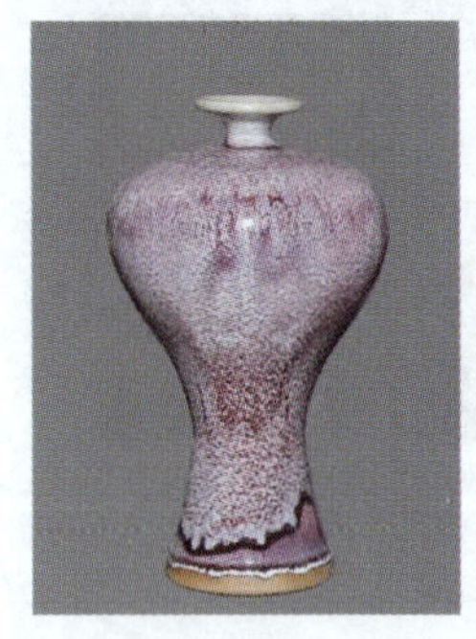

图 7–1–3 瓷器图片

2. 参考图 7–1–4 所示风景图片，使用 CorelDRAW 2021 软件设计并制作风景杂志内页，将文案以字符代替。

图 7–1–4 风景图片

七、知识巩固与提高

1. 使用（　　）工具单击美术字文本，使文本处于被选中状态，按住鼠标左键向右或向左拖动水平间距箭头，即可调整字符间距。

A. 抓手　　B. 形状　　C. 选取　　D. 文字

2. 选中文本，执行“对象”→“转换为曲线”命令或按下（　　）组合键即可将文本转换为曲线。

A. Ctrl+A　　B. Ctrl+E　　C. Ctrl+Q　　D. Ctrl+Shift

3. 若要将美术字文本转换为段落文本，只需要使用选择工具选中需要转换的美术字文本，然后执行“（　　）”→“转换为段落文本”命令。

A. 段落　　B. 选择　　C. 对象　　D. 文本

4. 在选中美术字文本或段落文本后，可使用工具栏中的“交互式填充工具”对文字进行（　　）填充，也可在参数属性栏中使用渐变填充和图样填充等多种操作。

A. 图案　　B. 颜色　　C. 装饰　　D. 背景

5. 在选中美术字文本后，执行“（　　）”→“拆分”命令，可将文本拆分，拆分后的文字可被自由编辑。

A. 对象　　B. 编辑　　C. 文本　　D. 布局

实训任务 2　制作邮戳卡

一、实训情境

某广告公司的设计师接受了一项设计任务：设计一款邮戳卡。该任务要求设计师在 45 min 内使用 CorelDRAW 2021 软件进行平面设计与制作，得到如图 7-2-1 所示的邮戳卡。

图 7-2-1　邮戳卡

二、实训分析

在本任务中，可通过沿路径排列文本和围绕图形排列文本等命令来完成制作。任

务开始前，按照图 7-2-2 所示的思维导图复习教材中的知识点。

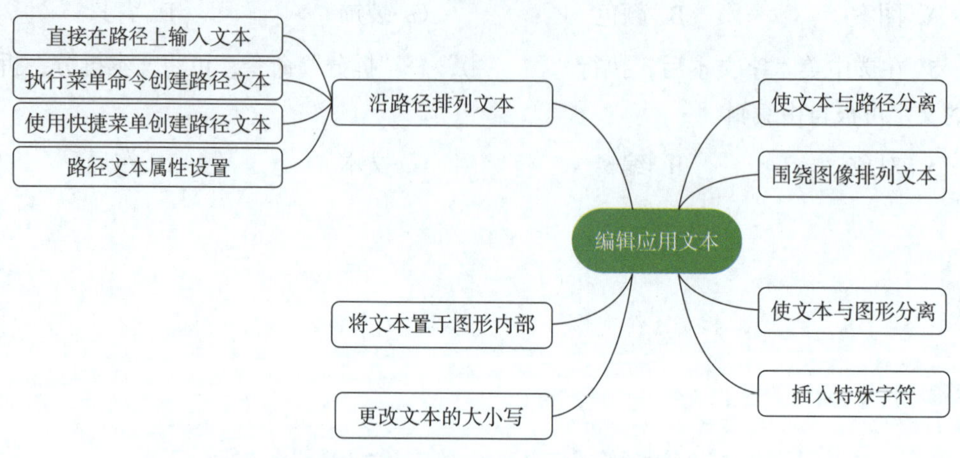

图 7-2-2　教材内容复习思维导图

三、实训计划制订

根据上一阶段的任务分析，完成实训计划的制订，见表 7-2-1。

表 7-2-1　实训计划

序号	工作内容	所需时间

四、操作步骤提示

参照表 7-2-2 所列的操作步骤和操作要点，完成邮戳卡的制作。

表 7-2-2　操作步骤提示

操作步骤	操作要点	图示
创建文档	在启动界面中单击“新文档”选项，打开“创建新文档”对话框，在对话框的“名称”选项中输入“邮戳卡”，设置“原色模式”为“CMYK”，“页面大小”为“宽度 55 mm、高度 90 mm”，“方向”为“纵向”，“分辨率”为“300 dpi” 使用椭圆形工具绘制一个黑色的正圆形，使用文本工具输入文字“河北 · 邢台”。选中文本对象，按住鼠标右键将其拖拽到正圆形的轮廓上，在弹出的快捷菜单中选择“使文本适合路径”命令，将文本填入路径，调整文本与路径之间的距离。输入日期，并将其放置在正圆形的中间	
	使用文本工具输入文字“二十四节气 · 立春”，选中文本对象，按住鼠标右键将其拖拽到正圆形的轮廓上，在参数属性栏中分别点击“水平镜像文本”与“垂直镜像文本”，设置合适的“与路径的距离”和“偏移”	
制作邮戳	选中以上全部对象，转换为位图，设置“色彩模式”为“CMYK”。执行“效果”→“艺术笔触”→“水彩画”命令，设置合适的“笔刷大小”“粒化”“水量”“出血”和“亮度”。打开“属性”泊坞窗，将透明度合并模式改为“乘”，组合以上对象	
	在参数属性栏中设置“对象位置”为“X：34.483 cm，Y：22.104 cm”，“旋转角度”为“16”	

续表

操作步骤	操作要点	图示
导入素材	将素材“中国邮政.cdr”导入到页面中。使用文本工具输入文字“邮戳卡”，并将其放置在“中国邮政”标志的右下方	
	将素材“邮票.png”导入到页面中，移动至页面中部，并将其顺序调整到邮戳图层的下层	
组合对象	组合以上对象	—

五、实训评价

在完成任务后展示作品，并分享完成任务过程中产生的心得和体会，然后从工具使用、软件操作、作品效果和作品展示等方面进行实训评价，可采用学生自评、学生互评与教师评价相结合的多元评价方式，见表7–2–3。

表7–2–3　实训评价

序号	评价要求	学生自评（占比30%）	学生互评（占比30%）	教师评价（占比40%）
1	对实训任务的分析准确、到位（20分）			
2	软件运用熟练、操作得当（20分）			

续表

序号	评价要求	学生自评（占比 30%）	学生互评（占比 30%）	教师评价（占比 40%）
3	能熟练沿路径排列文本和围绕图形排列文本（20 分）			
4	能灵活使用相关素材资料（10 分）			
5	最终效果图的版式及构图合理（20 分）			
6	展示及作品解说效果（10 分）			
综合得分				

六、实训拓展

1. 参考图 7-2-3 所示印章图片，使用 CorelDRAW 2021 软件绘制相同印章。

2. 参考图 7-2-3 所示印章图片，使用 CorelDRAW 2021 软件设计并制作两款不同主题的印章。

图 7-2-3　印章

七、知识巩固与提高

1. 在编辑大量文字时，可以通过“栏设置”对话框对文本进行分栏设置，使文本更加易于阅读。执行“(　　)”→“(　　)”命令，将打开“栏设置”对话框。

A. 文本　　B. 栏　　C. 编辑　　D. 行

2. 在报纸与杂志中，文本与图像搭配能更好地说明主题，有时需要将（　　）围绕（　　）排列，以使文字更加紧凑和美观。

A. 图像　　B. 颜色　　C. 主题　　D. 文本

3. 段落文本框不可以进行（　　）操作。

A. 缩放　　B. 旋转　　C. 裁切　　D. 倾斜

4.“使文本适合路径”命令可以让文本（　　）。

A. 处于指定路径的上方　　B. 按指定路径排列、分布

C. 覆盖指定路径　　D. 排布在指定路径两边

5. 执行“窗口”→“泊坞窗”→“(　　)”命令，打开“字形”泊坞窗，可插入特殊字符。

A. 调整　　B. 变形　　C. 文本　　D. 字形

项目八

综合案例实战

实训任务 1　制作网店详情页

一、实训情境

某广告公司的设计师接受了一项设计任务：为一家网店制作一件商品的产品详情页效果图。该任务要求设计师在 90 min 内使用 CorelDRAW 2021 软件进行平面设计与制作，得到如图 8-1-1 所示的网店详情页。

图 8-1-1　网店详情页效果图

二、实训分析

在本任务中，可通过绘制基本图形、设置美术字文本和段落文本等操作来完成制作。在完成任务的过程中，应注意工具的合理选择与使用，以进一步熟练掌握 CorelDRAW 软件的应用技巧，提升在平面设计领域的综合能力。任务开始前，按照图 8-1-2 所示的思维导图复习教材中的知识点。

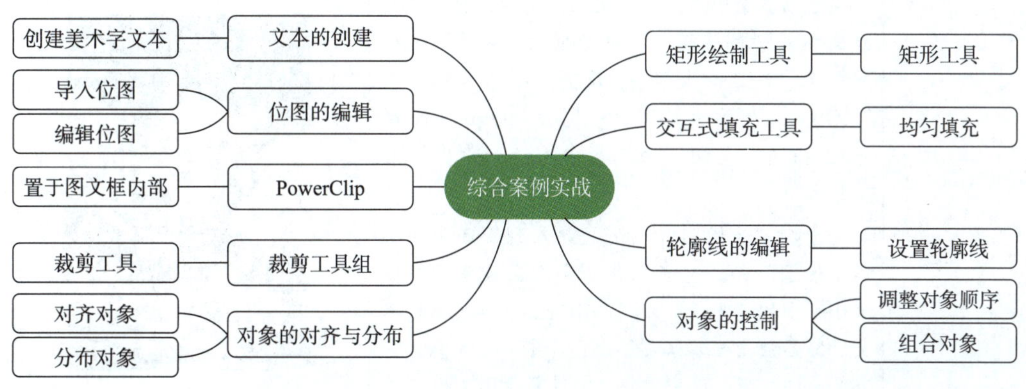

图 8-1-2 教材内容复习思维导图

三、实训计划制订

根据上一阶段的任务分析，完成实训计划的制订，见表 8-1-1。

表 8-1-1 实训计划

序号	工作内容	所需时间

四、操作步骤提示

参照表 8-1-2 所列的操作步骤和操作要点，完成网店详情页的制作。

表 8-1-2　操作步骤提示

操作步骤	操作要点	图示
创建文档、制作首图	在启动界面中单击“新文档”选项，打开“创建新文档”对话框，在对话框的“名称”选项中输入“网店详情页”，设置“原色模式”为“RGB”，“页面大小”为“宽度 750 px、高度 4 918 px”，“方向”为“纵向”，“分辨率”为“72 dpi” 将素材“核桃图片 1.jpg”导入到页面中，执行“位图”→“重新取样”命令，设置“图像大小”中的“宽度”为“1 610 px”，其余参数不变。随后使用矩形工具绘制一个长 1 073 px、宽 750 px 的矩形，选中素材，将其置于图文框内部	
	使用文本工具输入文字“新疆阿克苏薄皮大核桃”，将文字转换为美术字，填充玫瑰金色、白色到玫瑰金色的线性渐变，设置“旋转角度”为“45°”。将文字放置在首图的合适位置	 新疆阿克苏 薄皮大核桃 新疆阿克苏 薄皮大核桃
	使用矩形工具在文字下方绘制一个长 416 px、宽 40 px 的矩形，设置“圆角半径”为“20 px”，填充为橙色，取消轮廓色。使用文本工具在圆角矩形上方输入文字“轻松开仁 / 颗粒饱满 / 当季鲜货”，填充为白色	 新疆阿克苏 薄皮大核桃

续表

操作步骤	操作要点	图示
绘制图标	使用矩形工具在首图下方绘制四个圆角矩形，设置轮廓色为橙色。选中以上四个圆角矩形，打开“对齐与分布”泊坞窗，点击“水平分散排列间距”。选中以上对象并组合，将对齐命令修改为“页面中心”，再点击“水平居中对齐”。随后将素材“图标 1.png”“图标 2.png”“图标 3.png”和“图标 4.png”导入到页面中的相应位置。使用文本工具为每个图标添加说明文字，并将其填充为橙色。选中说明文字“阿克苏直产”及其上方的圆角矩形，将对齐命令修改为“选定对象”，再点击“水平居中对齐”。使用同样的方法将其余三组说明文字及其上方的圆角矩形对齐	
制作产品信息页	使用矩形工具在图标下方绘制一个长 1 100 px、宽 750 px 的矩形，填充为橙色，放置在页面中心。使用文本工具输入文字“产品信息”，填充为白色。使用矩形工具绘制一个长 463 px、宽 36 px 的矩形，设置“圆角半径”为“20 px”，填充为白色。使用文本工具在圆角矩形中输入文字“产品饱满　口感丰富细腻”，填充为橙色	
	使用矩形工具绘制一个长 775 px、宽 716 px 的矩形，设置“圆角半径”为“40 px”，填充为白色。再绘制一个长 716 px、宽 476 px 的矩形，设置“圆角半径”为“40 px”，将两个圆角矩形顶端对齐。将素材“核桃图片 2.jpg”导入到页面中，执行“位图”→“重新取样”命令，设置“图像大小”中的“宽度”为“770 px”，其余参数不变。将图片素材置入后绘制的圆角矩形中，取消轮廓色	

续表

操作步骤	操作要点	图示
制作产品信息页	复制“详情页文字素材.docx”中的产品信息文本至图片素材下方，填充为黑色，适当调整文字位置	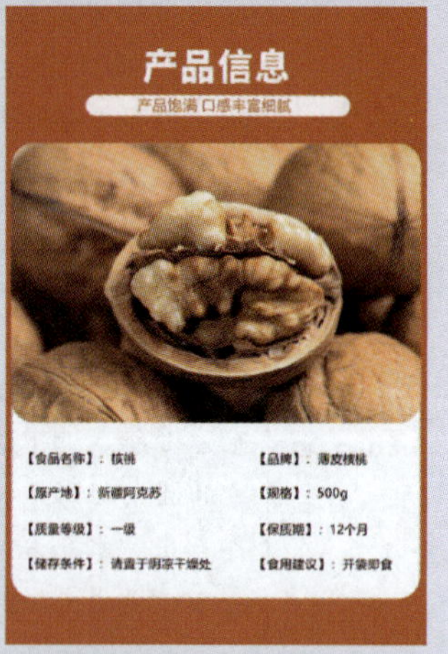
制作产地介绍	将素材“核桃图片 3.jpg”导入到产品信息页下方，使用裁剪工具对素材进行适当裁剪。使用文本工具输入文字“产地介绍”，填充为深棕色。使用矩形工具绘制一个长 463 px、宽 36 px 的矩形，设置“圆角半径”为“20 px”，填充为橙色。在圆角矩形上使用文本工具输入文字“阿克苏直产　树上鲜采”，填充为白色。复制“详情页文字素材.docx”中的相应文案至圆角矩形下方，填充为黑色，设置“文本对齐”为“中”	
制作产品特点页	在“产地介绍”下方使用文本工具输入文字“产品特点”，填充为深棕色。复制产地介绍中绘制的圆角矩形，在圆角矩形上使用文本工具输入文字“自然落果　个大皮薄”，填充为白色	
	使用矩形工具绘制一个长 750 px、宽 427 px 的矩形，填充为浅粉色。再绘制一个长 427 px、宽 426 px 的矩形，将两个矩形左对齐。将素材“核桃图片 4.jpg”导入到页面中，执行“位图”→“重新取样”命令，设置“图像大小”中的“宽度”为“720 px”，其余参数不变。将图片素材置入后绘制的矩形中	

续表

操作步骤	操作要点	图示
制作产品特点页	在图片素材右侧使用文本工具输入文字“无色无漂白”，填充为黑色。再使用矩形工具绘制一个长 219 px、宽 9 px 的矩形，放置在文字下方，填充为橙色。复制“详情页文字素材 .docx”中的相应文案至橙色矩形下方，填充为黑色，设置“文本对齐”为“中”。使用同样的方法制作其余部分	
组合对象	组合以上对象	—

五、实训评价

在完成任务后展示作品，并分享完成任务过程中产生的心得和体会，然后从工具使用、软件操作、作品效果和作品展示等方面进行实训评价，可采用学生自评、学生互评与教师评价相结合的多元评价方式，见表 8-1-3。

表 8-1-3　实训评价

序号	评价要求	学生自评（占比 30%）	学生互评（占比 30%）	教师评价（占比 40%）
1	对实训任务的分析准确、到位（20 分）			
2	软件运用熟练、操作得当（20 分）			
3	能合理选择并使用工具（20 分）			
4	能灵活使用相关素材资料（10 分）			

续表

序号	评价要求	学生自评（占比 30%）	学生互评（占比 30%）	教师评价（占比 40%）
5	最终效果图的版式及构图合理（20 分）			
6	展示及作品解说效果（10 分）			
综合得分				

六、实训拓展

1. 参考图 8-1-3 所示手机界面效果图，使用 CorelDRAW 2021 软件制作春日主题手机界面效果图。

图 8-1-3　手机界面效果图

2. 使用 CorelDRAW 2021 软件设计并制作两个不同主题的手机界面效果图。

七、知识巩固与提高

1. 执行“(　　)”→“PowerClip”→“置于图文框内部”命令，单击矩形，可将素材图片置于矩形内部。

A. 效果　　B. 对象　　C. 工具　　D. 窗口

2. 要组合对象应按下（　　）组合键。

A. Ctrl+A　　B. Ctrl+B　　C. Ctrl+G　　D. Ctrl+Shift

3. 执行“对象”→“(　　)”→“对页面居中”命令，可将图形放置在页面正中央。

A. 顺序　　B. 变换　　C. 合并　　D. 对齐与分布

4. 使用挑选工具选中对象后，会出现缩放手柄和拉伸手柄，将鼠标指针移动到对象四角的（　　）上，按住鼠标左键拖动，可等比例缩放对象。

A. 控制点　　B. 拉伸手柄　　C. 缩放手柄　　D. 箭头

5. 在移动对象时，保持水平或垂直移动需同时按住（　　）。

A. Shift 键　　B. Alt 键

C. Ctrl 键　　D. Ctrl+Shift 组合键

实训任务 2　制作手提袋

一、实训情境

某广告公司的设计师接受了一项设计任务：制作以中秋为主题的手提袋的刀膜图及效果图。该任务要求设计师在 90 min 内使用 CorelDRAW 2021 软件进行平面设计与制作，得到如图 8-2-1 所示的手提袋刀膜图及效果图。

a）

b）

图 8-2-1　手提袋刀膜图及效果图
a）刀膜图　b）效果图

二、实训分析

在本任务中，可通过绘制基本图形、设置美术字文本和段落文本等操作来完成制作。在完成任务的过程中，应注意刀模图和立体效果图的制作方法，以进一步熟练掌握 CorelDRAW 软件的应用技巧，提升在平面设计领域的综合能力。任务开始前，按照图 8-2-2 所示的思维导图复习教材中的知识点。

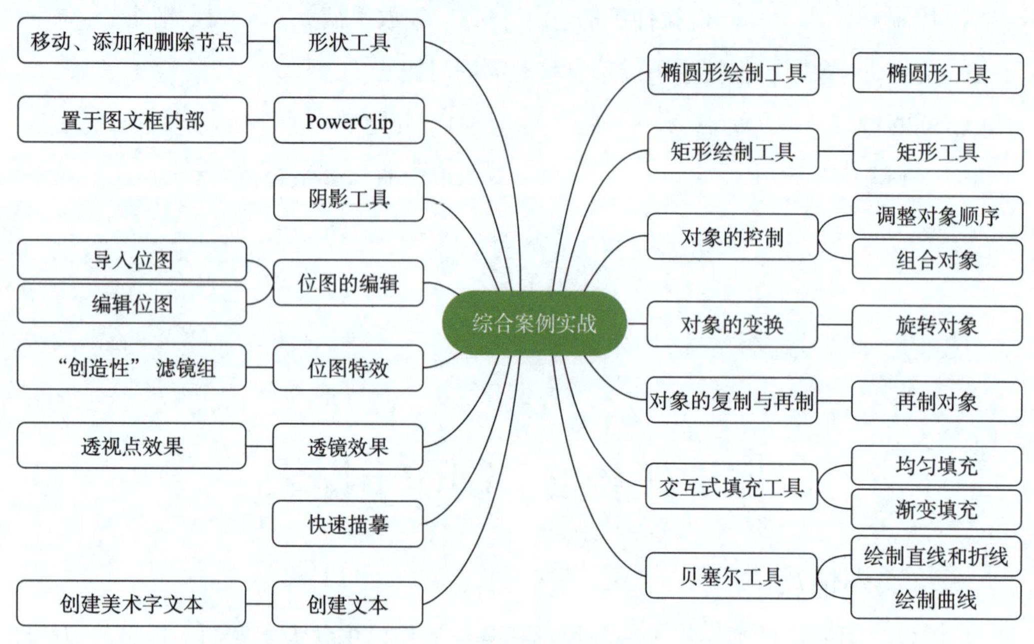

图 8-2-2　教材内容复习思维导图

三、实训计划制订

根据上一阶段的任务分析，完成实训计划的制订，见表 8-2-1。

表 8-2-1　实训计划

序号	工作内容	所需时间

续表

序号	工作内容	所需时间

四、操作步骤提示

参照表 8-2-2 所列的操作步骤和操作要点，完成手提袋刀膜图和效果图的制作。

表 8-2-2　操作步骤提示

操作步骤	操作要点	图示
创建文档、制作手提袋正面	在启动界面中单击“新文档”选项，打开“创建新文档”对话框，在对话框的“名称”选项中输入“手提袋刀模图”，设置“原色模式”为“CMYK”，“页面大小”为“宽度 600 mm、高度 400 mm”，“方向”为“横向”，“分辨率”为“300 dpi”。 使用矩形工具绘制一个长 285 mm、宽 210 mm 的矩形，填充粉色到亮粉色的椭圆形渐变。使用椭圆形工具绘制一个尺寸为 2 mm×2 mm 的正圆形，填充为浅粉色。选中正圆形并向右侧复制七个，再向下复制七行。选中全部正圆形，执行“效果”→“创造性”→“散开”命令，设置“水平”和“垂直”选项均为“100”，以制作噪点效果	
制作噪点	选中噪点，执行“位图”→“转换为位图”命令，将其转换为位图并适当放大，以填满整个页面。执行“对象”→“PowerClip”→“置于图文框内部”命令，将噪点放置在背景图层内部	

续表

操作步骤	操作要点	图示
制作发散效果	使用贝塞尔工具绘制装饰图形，填充为橙粉色。选中装饰图形，并向下复制五个。选择全部装饰图形，执行“窗口”→“泊坞窗”→“变换”命令，选择“旋转”选项卡，设置“角度”为“20°”，“副本”为“17”。分别选中每一圈装饰图形，将其错开旋转，然后组合以上对象	
导入窗花素材	将绘制好的装饰图形放置在页面的上半部分，复制图形，适当调整其位置和大小。导入素材“窗花素材.cdr”，放置在页面的下半部分，再导入“祥云素材.cdr”文件，使用阴影工具为其添加外阴影。复制并水平镜像祥云素材，并将其移动到窗花的下一层	
制作月亮	使用椭圆形工具绘制一个尺寸为 120 mm×120 mm 的正圆形来作为月亮，填充黄色到金黄色的线性渐变。使用阴影工具为其添加外阴影	
输入文字	使用贝塞尔工具和矩形工具绘制中文“中秋”，使用文本工具输入英文“Mid- Autumn Festival”，将中、英文均填充为粉色。使用阴影工具为“中秋”添加内阴影，将文字图层放置在月亮的上一层	 中秋 Mid- Autumn Festival 中秋 Mid- Autumn Festival

续表

操作步骤	操作要点	图示
导入其他素材	将“兔子素材 .cdr”“云纹素材 .cdr”和“桂花树素材 .cdr”导入到页面中，将桂花树素材放置在页面的右上方，将兔子素材放置在月亮的下方，将云纹素材放置在月亮的左上方和右下方	
绘制展开图	使用矩形工具绘制一个长 285 mm、宽 77 mm 的矩形，填充为深粉色，将其与手提袋正面的右侧贴边对齐。复制手提袋正面的中文“中秋”和英文“Mid- Autumn Festival”，填充为亮粉色。导入素材“二维码 .jpg”，放置在文字下方，调整其大小为 24 mm×24 mm，并使其与文字垂直居中对齐	
复制手提袋正面、侧面	选中手提袋正面和侧面，将其向右贴边复制，完成手提袋的绘制	
导入刀模图	导入素材“手提袋刀模图 .cdr”，放置在手提袋的上层。使用形状工具调整手提袋的背景轮廓，将其向外延伸 3 mm。组合以上对象，完成手提袋刀膜图的制作	
制作手提袋效果图	在启动界面中单击“新文档”选项，打开“创建新文档”对话框，在对话框的“名称”选项中输入“手提袋效果图”，设置适当的“原色模式”“页面大小”和“分辨率”。将素材“手提袋效果图 .jpg”导入到页面中，将手提袋正面和侧面分别移动到效果图素材上，然后将其分别转换为位图	

续表

操作步骤	操作要点	图示
添加透视效果、设置透明度	执行“对象”→“透视点”→“添加透视”命令，将导入的手提袋正面和侧面分别调整成纸袋中的造型。单击“透明度”工具，在参数属性栏中设置“合并模式”为“乘”	 
绘制穿绳轮廓图	将底图复制到页面的空白处，使用形状工具裁切出穿绳区域的位图。在参数属性栏中执行“描摹位图”→“轮廓描摹”→“高质量图像”命令，生成描摹的矢量对象，然后删除其他对象，仅保留穿绳对象。选中穿绳对象，在参数属性栏中单击“创建边界”按钮，删除其他对象，仅保留穿绳轮廓图	
制作穿绳效果	将穿绳轮廓图移动到手提袋效果图中的穿绳位置。 选择手提袋正面，在参数属性栏中单击“移除前面对象”按钮	 
组合对象	组合以上对象	—

五、实训评价

在完成任务后展示作品，并分享完成任务过程中产生的心得和体会，然后从工具使用、软件操作、作品效果和作品展示等方面进行实训评价，可采用学生自评、学生互评与教师评价相结合的多元评价方式，见表 8-2-3。

表 8-2-3　实训评价

序号	评价要求	学生自评（占比 30%）	学生互评（占比 30%）	教师评价（占比 40%）
1	对实训任务的分析准确、到位（20 分）			
2	软件运用熟练、操作得当（20 分）			
3	能合理选择并使用工具（20 分）			
4	能灵活使用相关素材资料（10 分）			
5	最终效果图的版式及构图合理（20 分）			
6	展示及作品解说效果（10 分）			
综合得分				

六、实训拓展

1. 参考图 8-2-3 所示酒精消毒棉片盒刀膜图，使用 CorelDRAW 2021 软件制作一个抽纸盒刀模图。

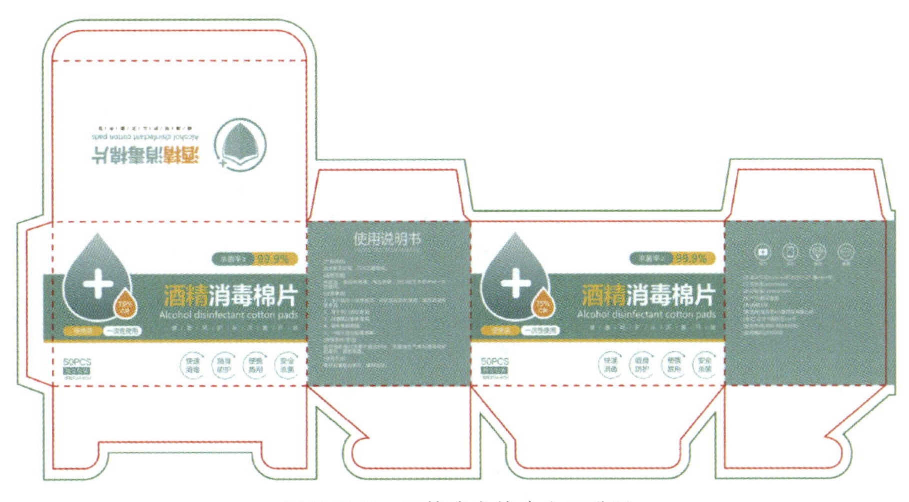

图 8-2-3　酒精消毒棉片盒刀膜图

2. 使用 CorelDRAW 2021 软件设计并制作抽纸盒效果图。

七、知识巩固与提高

1.“（　　）”选项卡可以为打印作品设置打印套准标记，将颜色校准和裁剪标记等信息输送到打印页面，以便于在印刷输出中心校准颜色和裁剪。

A. 预印　　B. 复合　　C. 常规　　D. 布局

2. 版面大小可在“创建新文档”对话框中设置，也可在（　　）中设置。

A. 标题栏　　B. 工具栏　　C. 参数属性栏　　D. 菜单栏

3.“（　　）”选项卡可以设置“复合”和“分隔”两种颜色效果。

A. 颜色　　B. 复合　　C. 常规　　D. 预印

4.（　　）操作不能打开“打印”对话框。

A. 选择“文件”→“打印”命令　　B. 按 Ctrl+P 组合键

C. 选择“文件”→“打印设置”命令　　D. 单击标准工具栏的“打印”按钮

5.“（　　）”选项卡可以设置“图像位置和大小”等相关选项。

A. 颜色　　B. 布局　　C. 常规　　D. 预印